"十三五"示范性高职院校建设成果教材

NX8.0三维建模及数控编程项目教程

主 编　纪海峰　郭 平

U0321841

北京理工大学出版社
BEIJING INSTITUTE OF TECHNOLOGY PRESS

内 容 简 介

本书是零基础或初级读者快速掌握 NX8.0 的教学参考用书和项目训练学习指南。

本书共分 2 个模块，包括 4 个三维建模实例和 6 个数控编程实例共 10 个项目训练，通过这些项目训练，读者可对 NX8.0 软件的三维建模方法和数控编程加工的流程有一个初步的了解。本书由作者查阅大量参考书籍，并根据实习课程的项目教学经验编制而成，简单易懂，实用性强。

本书适合高等职业院校的学生学习，也适合广大教师作为项目训练或实训教学用书。

图书在版编目（CIP）数据

NX8.0 三维建模及数控编程项目教程/纪海峰，郭平主编. —北京：北京理工大学出版社，2016.8（2016.9 重印）

ISBN978-7-5682-2900-5

Ⅰ．①N… Ⅱ．①纪…②郭… Ⅲ．①数控机床－加工－计算机辅助设计－应用软件－教材②数控机床－加工－程序设计－应用软件－教材 Ⅳ．①TG659-39

中国版本图书馆 CIP 数据核字（2016）第 199493 号

出版发行 / 北京理工大学出版社有限责任公司

社　　　址 / 北京市海淀区中关村南大街 5 号

邮　　　编 / 100081

电　　　话 / （010）68914775（总编室）

　　　　　　（010）82562903（教材售后服务热线）

　　　　　　（010）68948351（其他图书服务热线）

网　　　址 / http://www.bitpress.com.cn

经　　　销 / 全国各地新华书店

印　　　刷 / 三河市华骏印务包装有限公司

开　　　本 / 787 毫米×1092 毫米　1/16

印　　　张 / 8.5　　　　　　　　　　　　　　　责任编辑 / 张旭莉

字　　　数 / 197 千字　　　　　　　　　　　　文案编辑 / 张旭莉

版　　　次 / 2016 年 8 月第 1 版　2016 年 9 月第 2 次印刷　　责任校对 / 周瑞红

定　　　价 / 22.00 元　　　　　　　　　　　　责任印制 / 马振武

前　言

Qianyan

在众多的三维设计软件中，NX 软件是一款功能非常强大的 CAD/CAM/CAE 软件，目前已经被全世界多个国家广泛使用。在我国，NX 软件也被广泛用于机械、电子、军工、汽车、航空、医用、船舶、航天、家电和玩具等行业中。

本书以国内使用比较广泛的 NX8.0 版作为学习对象，这样便于与目前国内的其他行业接轨。

NX8.0 的内容较多，本书不可能兼顾。本书设定的对象主要是高等院校的机械专业的初学者，以项目训练为主，实例演示贯穿始终，教学内容清晰明确，难度适中，既符合 10～30 学时的短期教学安排，也符合 40～60 学时的中长期教学安排。

本书内容丰富，步骤详细，图文并茂，紧扣高等职业院校的教学要求，通过 4 个三维建模实例和 6 个数控编程实例共 10 个项目进行训练，使读者逐步了解 NX 8.0 软件的相关知识，同时对高等职业院校的读者完成课程设计、项目训练和实训等教学任务具有一定的指导意义。

全书由纪海峰（编写项目训练一、四、七、八、九、十）和郭平（编写项目训练二、五）担任主编，由范宁（编写项目训练六）和邵娟（编写项目训练三）担任副主编，参加编写的还有霍志伟和马阳，在此一并表示感谢。

编者在编写本书的过程中，本着对读者认真负责的态度，查阅了大量的参考资料，借鉴了一些经典的设计和加工实例，但由于编者水平有限且时间仓促，书中难免存在不足之处，欢迎广大读者进行交流和批评指正。

编　者
2015 年 11 月

Contents　　　　　　　　　　　　　　　　　　　　　　　　　　　　# 目　录

模块一　NX8.0 数控三维建模入门

本模块主要介绍 NX8.0 软件三维建模的基本操作及简单的零件设计知识，学习完本模块后，读者将对 NX8.0 软件三维建模知识有一个总体的认识，将可以使用一些最基本的命令及比较简便的方法进行模型的创建。

项目训练一 烟灰缸三维建模

烟灰缸是日常生活中比较常见的用品，本次项目训练所要完成的烟灰缸的三维模型如图 1.1 所示。

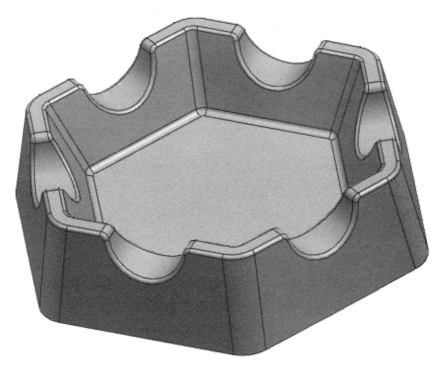

图 1.1 烟灰缸的三维模型

步骤 1：新建文件（在后面实例中此步骤省略）。

1）单击"文件"工具栏中的🗋按钮，或者选择"文件"→"新建"命令，弹出"新建"对话框，如图 1.2 所示。在默认的"模型"面板中，选择"模型"项，然后单击"确定"按钮，便可完成新建。

2）在部件导航器中，选中"基准坐标系"选项，右击，在弹出的快捷菜单中，选择"显示"命令，将基准坐标系显示出来，方便今后的建模。至此，文件的新建工作就完成了，接下来开始对烟灰缸进行建模。

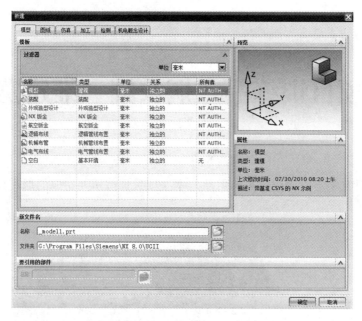

图 1.2 "新建"对话框

步骤 2：创建基本体。

1）单击"拉伸"按钮⬚，弹出"拉伸"对话框，如图 1.3 所示。选择 X-Y 面作为草图创建平面，进入后单击圆按钮〇，绘制一个以圆点为圆心、直径为 100mm 的圆，如图 1.4 所示。

图 1.3 "拉伸"对话框

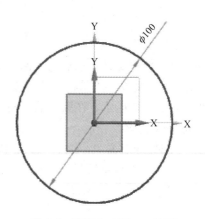

图 1.4 直径为 100mm 的圆

2）选中此圆，单击"转换至/自参考对象"按钮 ![icon]，将其转化为非实线圆，如图1.5所示。然后选择"插入"→"曲线"→"多边形"命令，弹出"多边形"对话框，如图1.6所示。

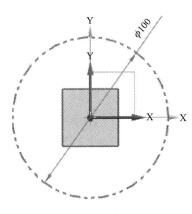

图1.5　非实线圆

图1.6　"多边形"对话框

3）单击"象限点捕捉"按钮 ![icon]，使用象限点捕捉功能绘制一个圆内接正六边形，如图1.7所示。完成后单击"确定"按钮，返回绘图界面，输入拉伸高度为25mm，单击"确定"按钮，便可完成基本体的创建，完成后的基本体如图1.8所示。

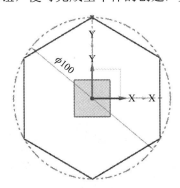

图1.7　绘制圆内接正六边形

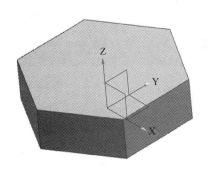

图1.8　完成后的基本体

步骤3：切除。

1）单击"拉伸"按钮 ![icon]，弹出"拉伸"对话框，选择如图1.9所示的基本体上表面作为草图创建平面，进入后以同样的作图方法绘制一个直径为70mm的圆内接正六边形，如图1.10所示。

2）单击"确定"按钮，返回绘图界面，在"拉伸"对话框中输入拉伸的深度为18mm，设置"布尔"选项为"求差"，深度和布尔运算方式设置如图1.11所示。然后单击"确定"按钮，便可完成基本体的切除，切除后的基本体如图1.12所示。

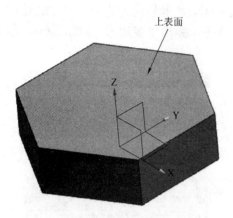

图 1.9　选择上表面

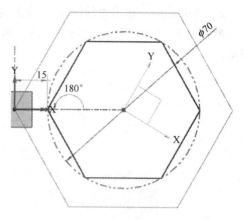

图 1.10　直径为 70mm 的圆内接正六边形

图 1.11　深度和布尔运算方式

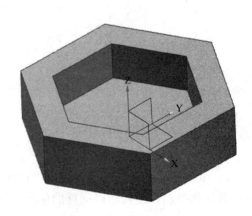

图 1.12　切除后的基本体

步骤 4：外表面拔模。

选择"插入"→"细节特征"→"拔模"命令，弹出"拔模"对话框，如图 1.13 所示。选择外表面 6 个竖直的外侧面为拔模面，拔模的矢量方向竖直向上，拔模面和矢量方向如图 1.14 所示。设置上表面为固定面，如图 1.15 所示，拔模角度为 10°然后单击"确定"按钮完成外表面拔模，外表面拔模后的基本体如图 1.16 所示。

图 1.13 "拔模"对话框

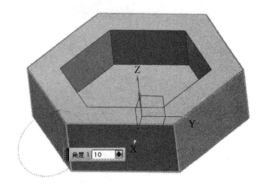

图 1.14 拔模面和矢量方向

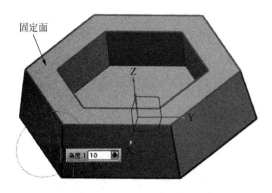

图 1.15 固定面

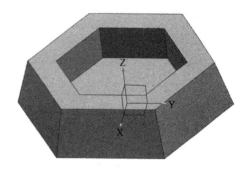

图 1.16 外表面拔模后的基本体

步骤 5：内表面拔模。

选择"插入"→"细节特征/拔模"命令，弹出"拔模"对话框。选择外表面 6 个竖直的内表面为拔模面，拔模的矢量方向竖直向上，并设置内表面的底面为固定面，拔模面、矢量方向和固定面如图 1.17 所示，设置拔模角度为 25°，单击"确定"按钮完成内表面拔模，内表面拔模后的基本体如图 1.18 所示。

步骤 6：切除。

1）单击"拉伸"按钮▥，弹出"拉伸"对话框，选择 Y-Z 面作为草图创建平面，如图 1.19 所示。进入后绘制一个直径为 20mm 的圆，如图 1.20 所示。

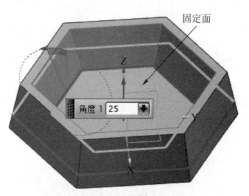

图 1.17　拔模面、矢量方向和固定面

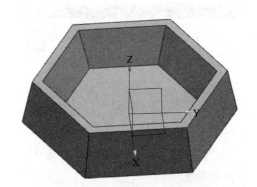

图 1.18　内表面拔模后的基本体

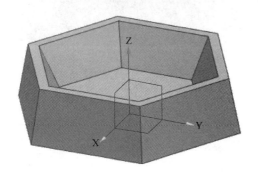

图 1.19　Y-Z 面

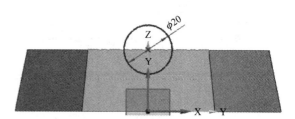

图 1.20　直径为 20mm 的圆

2）单击"确定"按钮，返回到绘图界面。在"拉伸"对话框中输入拉伸的长度为 60mm，设置"布尔"选项为"求差"，绘图区出现拉伸预览如图 1.21 所示。然后单击"确定"按钮完成切除，切除后的基本体如图 1.22 所示。

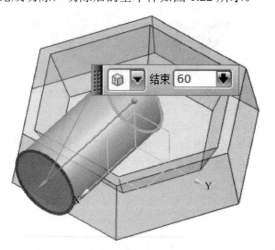

图 1.21　拉伸预览

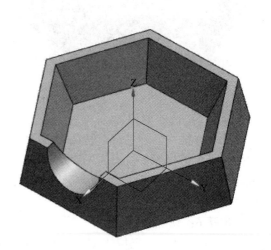

图 1.22　切除后的基本体

步骤7：阵列。

1）单击"阵列"按钮 ，弹出"对特征形成图样"对话框，如图1.23所示。进入后选择步骤5中的拉伸切除项作为要阵列的特征，如图1.24所示。

图1.23 "阵列"对话框

图1.24 阵列的特征

2）在"阵列定义"区域中的"布局"下拉列表中选择"圆形"选项，旋转轴设为Z轴，数量设为"6"，节距角设为"60"，具体阵列参数设置如图1.25所示。同时在绘图区出现阵列预览，如图1.26所示。完成后单击"确定"按钮完成阵列，阵列后的基本体如图1.27所示。

步骤8：倒圆角。

本步要对烟灰缸进行4次倒圆角细化。

1）单击"边倒圆"按钮 ，进行第1次倒圆角，设置圆角半径为3mm，第1次倒圆角预览如图1.28所示。完成后单击"确定"按钮，第1次倒圆角如图1.29所示。

图 1.25　阵列参数设置

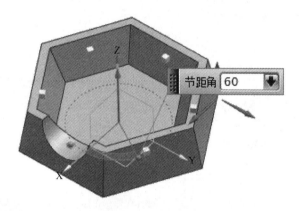

图 1.26　阵列预览

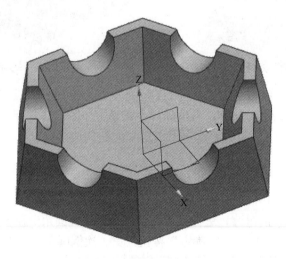

图 1.27　阵列后的基本体

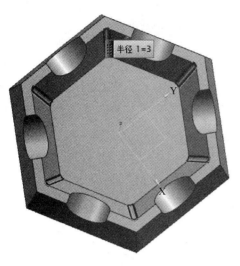

图 1.28 第 1 次倒圆角预览

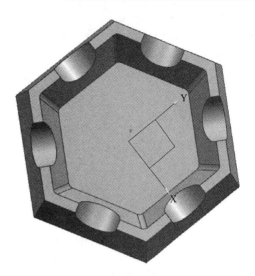

图 1.29 第 1 次倒圆角

2）第 2 次倒圆角，设置圆角半径为 8mm，第 2 次倒圆角预览如图 1.30 所示。完成后单击"确定"按钮，第 2 次倒圆角如图 1.31 所示。

图 1.30 第 2 次倒圆角预览

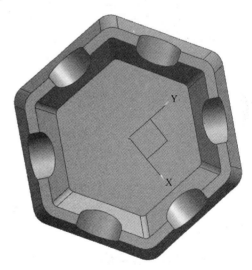

图 1.31 第 2 次倒圆角

3）第 3 次倒圆角，设置圆角半径为 2mm，第 3 次倒圆角预览如图 1.32 所示。完成后单击"确定"按钮，第 3 次倒圆角如图 1.33 所示。

4）第 4 次倒圆角，设置圆角半径为 1mm，第 4 次倒圆角预览如图 1.34 所示。完成后单击"确定"按钮，第 4 次倒圆角如图 1.35 所示。

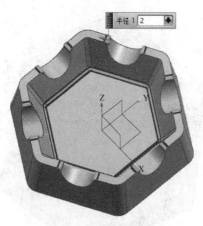

图 1.32　第 3 次倒圆角预览

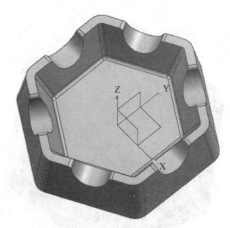

图 1.33　第 3 次倒圆角

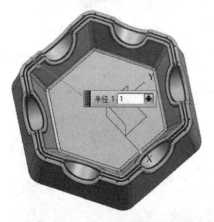

图 1.34　第 4 次倒圆角预览

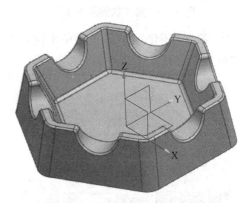

图 1.35　第 4 次倒圆角

步骤 9：抽壳。

　　单击"抽壳"按钮，弹出"抽壳"对话框，如图 1.36 所示。选择烟灰缸底面为抽壳去除面，抽壳厚度为 5mm，完成后单击"确定"按钮完成抽壳。完成抽壳的烟灰缸如图 1.37所示。这样烟灰缸的三维建模就完成了。

图 1.36　"抽壳"对话框

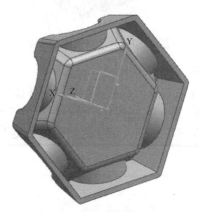

图 1.37　完成抽壳的烟灰缸

项目训练二 主轴三维建模

主轴或称阶梯轴，属于回转体，是典型的机械零件，结构比较简单。本次项目训练所完成的主轴的三维模型如图 2.1 所示。

图 2.1 主轴三维模型

步骤 1：创建基本体。

单击"回转"按钮，弹出"回转"对话框，选择 Z-Y 面作为草图创建平面，进入后单击"轮廓"按钮，绘制主轴草图，如图 2.2 所示，单击"完成草图"按钮返回到绘图界面。选择 Y 轴为回转轴，旋转角度为 360°，同时绘图区出现回转预览，如图 2.3 所示。完成后单击"确定"按钮，便可完成基本体的创建，完成后的基本体如图 2.4 所示。

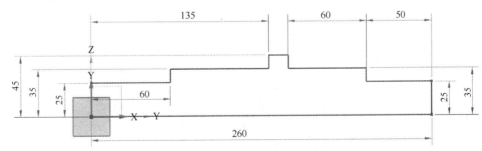

图 2.2 主轴草图

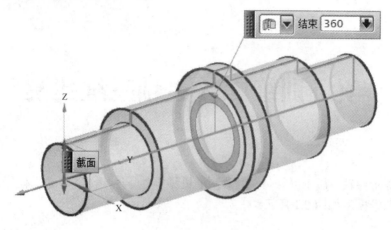

图 2.3　回转预览

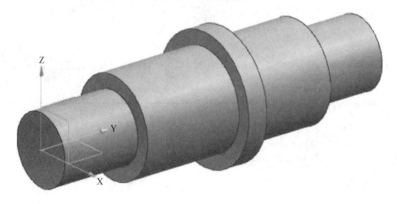

图 2.4　完成后的基本体

步骤 2：倒斜角。

单击边倒斜角按钮，设置斜角距离为 2mm，"倒斜角"对话框及预览如图 2.5 所示。然后单击"确定"按钮，完成倒斜角，倒斜角后的基本体如图 2.6 所示。

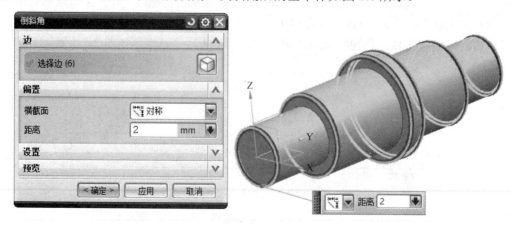

图 2.5　"倒斜角"对话框及预览

图 2.6　倒斜角后的基本体

步骤 3：倒圆角。

单击边倒圆按钮，进行倒圆角，设置圆角半径为 4mm，"倒圆"对话框和预览如图
2.7 所示。然后单击"确定"按钮完成倒圆角，倒圆角后的基本体如图 2.8 所示。

图 2.7　"边倒圆"对话框及预览

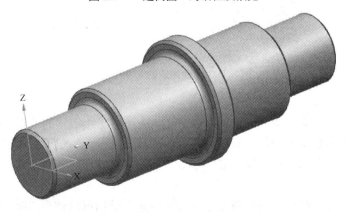

图 2.8　倒圆角后的基本体

步骤 4：创建平面。

单击"基准平面"按钮 ，弹出"基准平面"对话框，如图 2.9 所示。选择 X-Y 面作为基准平面的参考面，设置向上偏移距离为 35mm，基准平面的偏移预览如图 2.10 所示。然后单击"确定"按钮，完成创建，创建完成的基准平面如图 2.11 所示。

图 2.9 "基准平面"对话框

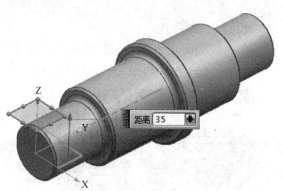

图 2.10 基准平面的偏移预览

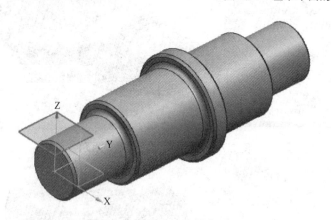

图 2.11 创建完成的基准平面

步骤 5：创建键槽。

单击"拉伸"按钮 ，弹出"拉伸"对话框，选择步骤 4 创建的基准平面作为草图创建平面，进入后绘制如图 2.12 所示的草绘图形，完成后返回，设置切除深度为 6mm，绘图区中会有切除预览，如图 2.13 所示。单击"确定"按钮，完成创建，创建完成的键槽如图 2.14 所示。

至此，主轴的三维模型就创建完毕了，当然创建键槽也可以使用"键槽"的专有命令来完成，有兴趣的读者可以自行尝试完成。

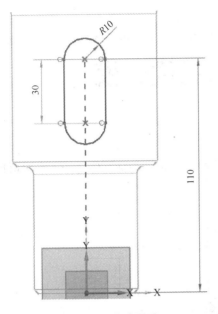

图 2.12　草绘图形

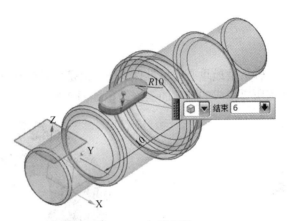

图 2.13　切除预览

图 2.14　创建完成的键槽

项目训练三　轴承三维建模

　　轴承是最重要的标准件之一，也是机械设计和制造中最为常见的标准件之一。本次项目训练所要完成的轴承的三维模型如图 3.1 所示。

图 3.1　轴承的三维模型

　　步骤 1：创建基本体。

　　单击"回转"按钮 ，弹出"回转"对话框，选择 Z-Y 面作为草图创建平面，进入后绘制轴承内外圈草图，如图 3.2 所示，单击"完成草图"返回到绘图界面。选择 Y 轴为回转轴，旋转角度为 360°，绘图区出现回转预览，如图 3.3 所示。然后单击"确定"按钮，便可完成基本体的创建，完成后的基本体如图 3.4 所示。

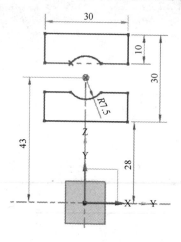

图 3.2　轴承内外圈草图

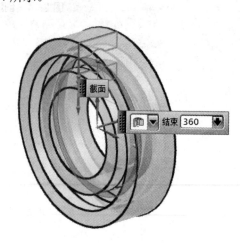

图 3.3　回转预览

图 3.4　完成后的基本体

步骤2：倒斜角。

单击边倒斜角按钮，设置斜角距离为 2mm，如图 3.5 所示。然后单击"确定"按钮，完成倒斜角，倒斜角后的基本体如图 3.6 所示。

图 3.5　斜角距离为 2mm

图 3.6　倒斜角后的基本体

步骤3：创建平面。

单击"基准平面"按钮，弹出"基准平面"对话框，选择 X-Y 面作为基准平面的参考面，设置向上偏移距离为 43mm，基准平面的偏移预览如图 3.7 所示。然后单击"确定"按钮，完成创建，创建完成的基准平面如图 3.8 所示。

图 3.7 基准平面的偏移预览

图 3.8 创建完成的基准平面

步骤 4：创建圆环。

单击"拉伸"按钮 🔳，弹出"拉伸"对话框，如图 1.3 所示。选择步骤 3 中创建的基准平面作为草图的创建平面，进入后绘制同心圆，直径分别为 15mm 和 18mm，二维草图如图 3.9 所示。完成后返回绘图区，在"拉伸"对话框中，在"结束"下拉列表中选择"对称值"，将距离设为 1.5mm，绘图区中出现预览，如图 3.10 所示。然后单击"确定"按钮，完成圆环创建，创建完成的圆环如图 3.11 所示。

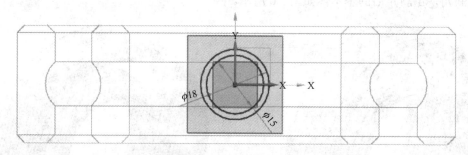

图 3.9 圆环的二维草图

图 3.10 "拉伸"对话框及其预览

图 3.11 圆环

步骤 5：阵列圆环。

单击"阵列"按钮 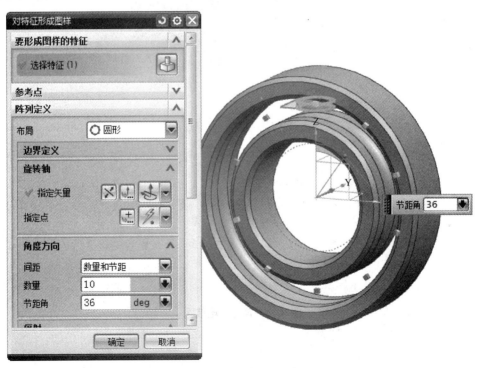，弹出"阵列"对话框，进入后选择圆环作为要阵列的特征。在"阵列定义"区域的"布局"下拉列表中选择"圆形"选项，旋转轴设为 Y 轴，数量设为"10"，节距角设为"36"，具体阵列参数设置和预览如图 3.12 所示。然后单击"确定"按钮，完成阵列圆环，阵列后的圆环如图 3.13 所示。

图 3.12 阵列参数设置和预览

图 3.13 阵列后的圆环

步骤 6：创建连接。

1）单击"拉伸"按钮，弹出"拉伸"对话框，选择 X-Z 平面作为草图的创建平面，进入后绘制如图 3.14 所示的连接二维草图，尺寸局部放大后如图 3.15 所示。

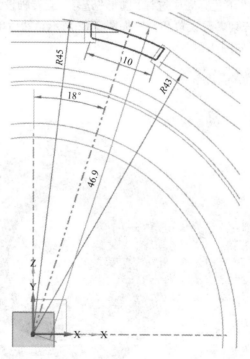

图 3.14 连接二维草图

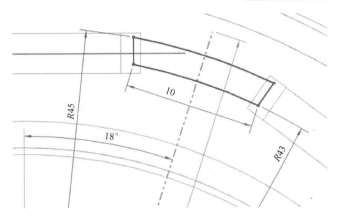

图 3.15　尺寸局部放大图

2）完成后返回绘图区，在"拉伸"对话框中，在"结束"下拉列表中选择"对称值"，将距离设为"1"，绘图区中出现预览，如图 3.16 所示。然后单击"确定"按钮，完成创建，创建完成的连接如图 3.17 所示。

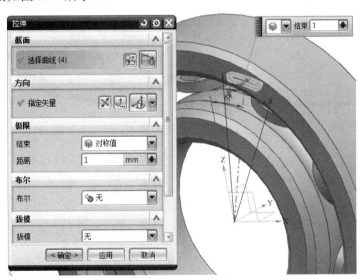

图 3.16　"拉伸"对话框及预览

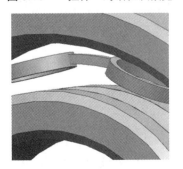

图 3.17　完成的连接

步骤7：阵列连接。

单击"阵列"按钮 ，弹出"阵列"对话框，进入后选择连接作为要阵列的特征，然后在"阵列定义"区域的"布局"下拉列表中选择"圆形"选项，旋转轴设为 Y 轴，数量设为"10"，节距角设为"36"，具体阵列参数设置和预览如图 3.18 所示。然后单击"确定"按钮，完成阵列连接，阵列后的连接如图 3.19 所示。

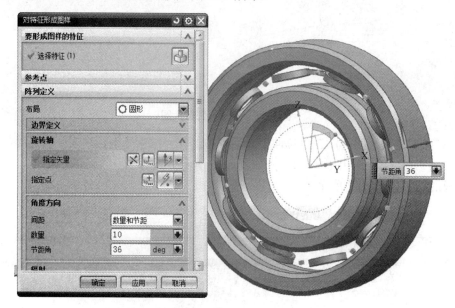

图 3.18　阵列参数设置和预览

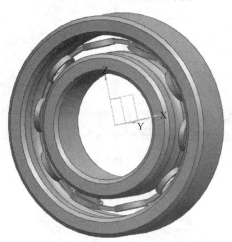

图 3.19　阵列后的连接

步骤8：求和。

单击"求和"按钮 ，弹出"求和"对话框，如图 3.20 所示。选择圆环为目标，连接为刀具，然后单击"确定"按钮，即可完成一次求和，接下来的求和步骤相同，不再赘述。

图 3.20　"求和"对话框

步骤 9：创建滚珠。

单击"回转"按钮，弹出"回转"对话框，选择 Z-Y 面作为草图创建平面，进入后绘制滚珠草图，如图 3.21 所示，单击"完成草图"按钮返回到绘图界面。选择 Z 轴为回转轴，设置旋转角度为 360°，单击"确定"按钮，便可完成滚珠的创建，完成后的滚珠如图 3.22 所示。

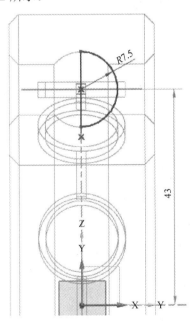

图 3.21　滚珠草图

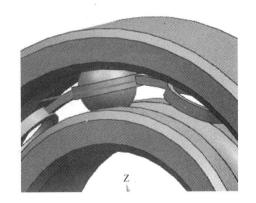

图 3.22　滚珠

步骤 10：阵列滚珠。

单击"阵列"按钮，弹出"阵列"对话框，进入后选择滚珠作为要阵列的特征，然后在"阵列定义"区域的"布局"下拉列表中选择"圆形"选项，旋转轴设为"Y 轴"，数量设为"10"，节距角设为"36"，具体阵列参数设置和预览如图 3.23 所示。然后单击"确定"按钮，完成阵列滚珠，阵列后的滚珠如图 3.24 所示。

这样轴承就创建完毕了。

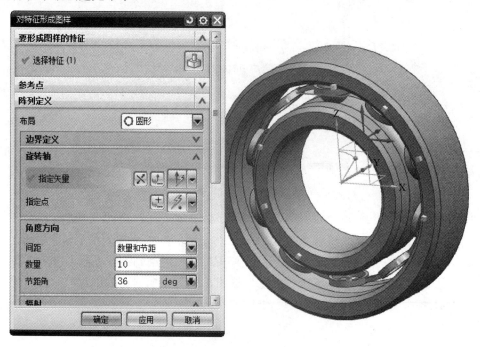

图 3.23 阵列参数设置和预览

图 3.24 阵列后的滚珠

项目训练四　玩具车轮三维建模

玩具车是儿童经常玩耍的玩具之一，也是日常生活中比较常见的用品，本次项目训练所要完成的玩具车轮三维模型如图 4.1 所示。

图 4.1　玩具车轮三维模型

步骤 1：创建基本体。

1）单击"回转"按钮 ，弹出"回转"对话框，选择 X-Y 面作为草图创建平面，进入后单击"矩形"按钮 ，绘制一个矩形，如图 4.2 所示。

2）单击"确定"按钮，返回绘图界面。设置旋转角度为 360°，绘图区出现回转预览，如图 4.3 所示。然后单击"确定"按钮，完成基本体的创建，完成后的基本体如图 4.4 所示。

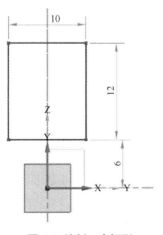

图 4.2　绘制一个矩形

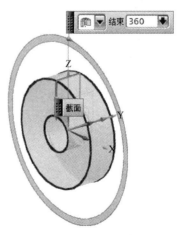

图 4.3　回转预览

步骤 2：倒圆角，即对车轮基本体进行倒圆角。

单击边倒圆按钮 ，设置圆角半径为 1mm，倒圆角预览如图 4.5 所示。然后单击"确定"按钮，完成倒圆角，倒圆角后的基本体如图 4.6 所示。

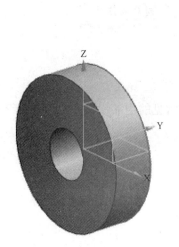
图 4.4　完成后的基本体

图 4.5　倒圆角预览

图 4.6　倒圆角后的基本体

步骤 3：创建花纹。

1）单击"回转"按钮 ，弹出"回转"对话框，选择 Z-Y 面作为草图创建平面，如图 4.7 所示。进入后绘制如图 4.8 所示的花纹草图。

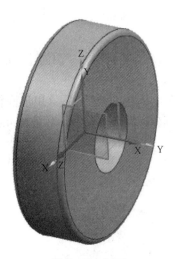
图 4.7　Z-Y 面

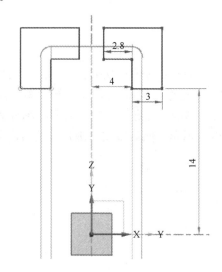
图 4.8　花纹草图

2）完成后单击"确定"按钮，返回绘图界面，在"回转"对话框中，设置旋转角度为"2.5"和"-2.5"，如图 4.9 所示。然后单击"确定"按钮，便可完成花纹基本体的创建，如图 4.10 所示。

图 4.9　设置旋转角度为"2.5"和"-2.5"

图 4.10　花纹基本体

步骤 4：花纹倒圆角，即对花纹进行 3 次倒圆角细化。

1）单击边倒圆按钮，进行第 1 次倒圆角，设置圆角半径为 0.3mm，第 1 次倒圆角预览如图 4.11 所示。完成后单击"确定"按钮，第 1 次倒圆角如图 4.12 所示。

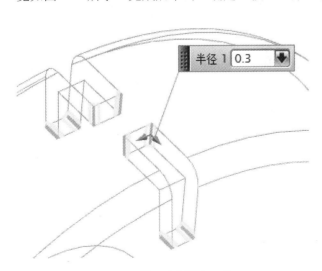

图 4.11　第 1 次倒圆角预览

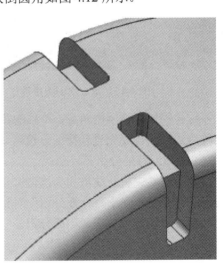

图 4.12　第 1 次倒圆角

2）第 2 次倒圆角，设置圆角半径为 0.6mm，第 2 次倒圆角预览如图 4.13 所示。完成后单击"确定"按钮，第 2 次倒圆角如图 4.14 所示。

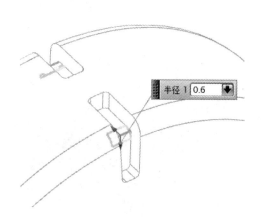

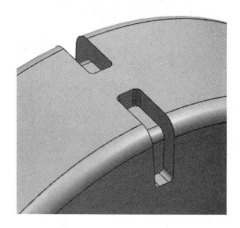

图 4.13　第 2 次倒圆角预览　　　　　　　　　　图 4.14　第 2 次倒圆角

3）第 3 次倒圆角，设置圆角半径为 0.6mm，第 3 次倒圆角预览如图 4.15 所示。完成后单击"确定"按钮，第 3 次倒圆角如图 4.16 所示。

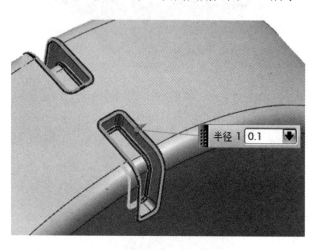

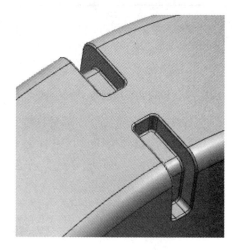

图 4.15　第 3 次倒圆角预览　　　　　　　　　　图 4.16　第 3 次倒圆角

这样经过 3 次倒圆角后，单独的花纹就创建完毕了，接下来要对其进行阵列，在进行花纹阵列的时候需要先进行特征分组。

步骤 5：特征分组。

在导航器中将花纹项和 3 次倒圆角项均选中后，右击，在弹出的快捷菜单中，选择"特征分组"命令，弹出"特征分组"对话框，将"特征组名称"设置为"1"，如图 4.17 所示。然后单击"确定"按钮，完成分组。

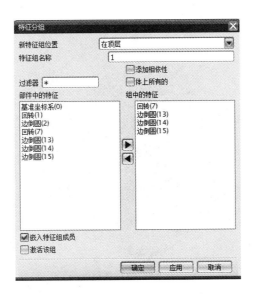

图 4.17 设置"特征组名称"为 1

步骤 6：阵列。

单击"阵列"按钮 ，弹出"阵列"对话框，进入后选择"特征分组（1）"作为要阵列的特征，然后在"阵列定义"区域的"布局"下拉列表中选择"圆形"选项，旋转轴设为Z轴，数量设为"24"，节距角设为"15"，具体阵列参数设置如图 4.18 所示。在绘图区出现阵列预览，如图 4.19 所示。单击"确定"按钮，完成阵列。阵列后的花纹如图 4.20 所示。

图 4.18 阵列参数设置

图 4.19 阵列预览

图 4.20　阵列后的花纹

步骤 7：切除。

1）单击"拉伸"按钮，弹出"拉伸"对话框，选择车轮侧面作为草图创建平面，进入后绘制直径分别为 23mm 和 25mm 的同心圆，如图 4.21 所示。

2）完成后单击"确定"按钮，返回绘图界面，在"拉伸"对话框中，输入拉伸的长度为 0.5mm，设置"布尔"选项为"求差"，单击"确定"按钮，便可完成切除，切除后的车轮如图 4.22 所示。

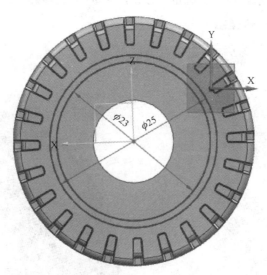

图 4.21　阵列预览

图 4.22　切除后的车轮

步骤 8：镜像。

单击"插入"→"关联复制"→"镜像特征"按钮，弹出"镜像特征"对话框，选择上一步切除作为镜像对象，选择 X-Z 面作为镜像面，单击"确定"按钮，便可完成镜像。

步骤 9：倒圆角。

1）对切除进行倒圆角细化。单击边倒圆按钮，设置圆角半径为 0.2mm，倒圆角预览如图 4.23 所示，然后单击"确定"按钮。

2）对车轮轴进行倒圆角。设置圆角半径为 0.6mm，如图 4.24 所示，然后单击"确定"按钮。

这样就完成了玩具车轮的三维建模，如图 4.25 所示。

图 4.23　倒圆角预览

图 4.24　设置圆角半径为 0.6mm　　　　　图 4.25　完成后的玩具车轮三维模型

模块二　NX8.0 数控加工编程入门

>>> 　　本模块主要介绍 UG 编程的基本操作及相关加工工艺知识，学习完本模块后读者将会对 UG 编程知识有一个总体的认识，懂得如何设置编程界面及编程的加工参数。另外，为了使读者在学习 UG 编程前具备一定的加工工艺基础，本模块还介绍了数控加工工艺的常用知识。

项目训练五　简单零件基本加工

我们首先来学习最基本的简单零件的数控加工编程设计，基本流程是先完成零件的建模，然后对其进行编程加工，最后生成程序。简单零件的三维模型如图 5.1 所示。

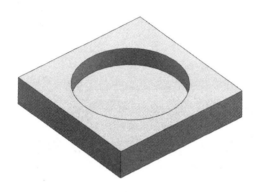

图 5.1　简单零件三维模型

一、简单零件的建模

1. 新建文件（在后面实例中此步骤省略）

1）单击"文件"工具栏中的 按钮，或者选择"文件"→"新建"命令，弹出"新建"对话框，如图 5.2 所示。在默认的"模型"面板中，选择"模型"选项，然后单击"确定"按钮，便可完成新建，新建后的界面如图 5.3 所示。

2）在部件导航器中，选中"基准坐标系"选项，如图 5.4 所示，右击，在弹出的快捷菜单中选择"显示"命令，将基准坐标系显示出来，显示基准坐标系的界面如图 5.5 所示。这样文件的新建工作就完成了，接下来对零件进行建模。

2. 零件建模

1）单击"拉伸"按钮 ，在坐标系中选择"X-Y"平面作为绘图基准面，如图 5.6 所示，进入绘图界面。进入后绘制一个边长为 150mm 的正方形，如图 5.7 所示。完成后返回建模界面，输入拉伸高度为 35mm，然后单击"确定"按钮即可生成长方体，生成的长方体如图 5.8 所示。

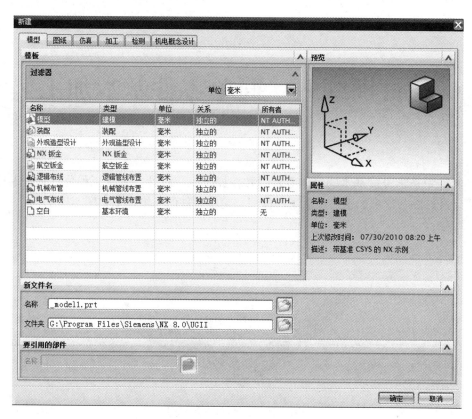

图 5.2　"新建"对话框

图 5.3　新建后的界面

图 5.4 部件导航器

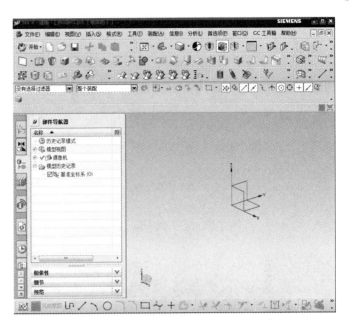

图 5.5 显示基准坐标系的界面

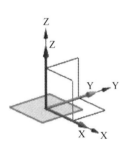

图 5.6 "X-Y"平面

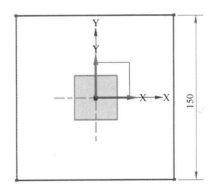

图 5.7 边长为 150mm 的正方形

2）再次单击"拉伸"按钮 ，选择如图 5.9 所示的"面 1"作为绘图基准面，进入绘图界面。进入后绘制一个直径为 120mm 的圆，如图 5.10 所示。完成后返回建模界面，输入切削深度为 25mm，如图 5.11 所示，然后单击"确定"按钮，即可完成简单零件的创建，生成的简单零件如图 5.12 所示。

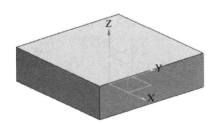

图 5.8 生成的长方体

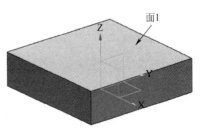

图 5.9 选择"面 1"作为绘图基准面

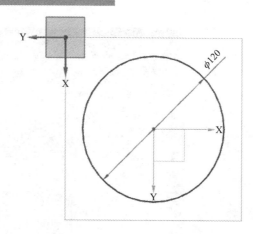

图 5.10   直径为 120mm 的圆

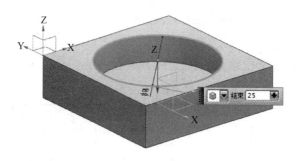

图 5.11 切削深度为 25mm

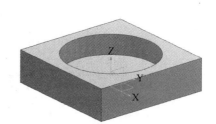

图 5.12 简单零件

3. 数控编程

步骤 1：加载加工模块。

在被加工零件打开的前提下，选择"开始"→"加工"命令，如图 5.13 所示，弹出"加工环境"对话框，如图 5.14 所示。在该对话框中，在"要创建的 CAM 设置"下拉列表中选择"mill-contour"选项，单击"确定"按钮，系统进入加工环境。

图 5.13   选择"开始"→"加工"命令

图 5.14   "加工环境"对话框

步骤 2：创建程序。

选择"插入"→"程序"命令，弹出"创建程序"对话框，如图 5.15 所示。在对话框的"类型"下拉列表中选择"mill-contour"选项，如图 5.16 所示，将"名称"设为"01"，如图 5.17 所示。然后单击"确定"按钮，弹出"程序"对话框，各项默认，如图 5.18 所示，单击"确定"按钮，完成程序的创建。

图 5.15　"创建程序"对话框

图 5.16 选择"mill-contour"选项

图 5.17　将"名称"设为"01"

图 5.18　"程序"对话框

步骤 3：创建几何体。

1）创建机床坐标系。

① 选择"插入"→"几何体"命令，弹出"创建几何体"对话框，如图 5.19 所示，将"名称"设为"01_MCS"，如图 5.20 所示。

图 5.19 "创建几何体"对话框

图 5.20 将"名称"设为"01_MCS"

② 单击"确定"按钮，弹出"MCS"对话框，如图 5.21 所示。在该对话框中，单击"CSYS 对话框"按钮，弹出"CSYS"对话框，如图 5.22 所示。

图 5.21 "MCS"对话框

图 5.22 "CSYS"对话框

③ 在"CSYS"对话框中，单击"操控器"按钮，弹出"点"对话框。在"坐标"区域中，将"Z"的值设为 35mm，如图 5.23 所示。此时可看到绘图区中的"WCS"的坐标沿 Z 向移动了 35mm，如图 5.24 所示。然后两次单击"确定"按钮，即可完成机床坐标系的创建。

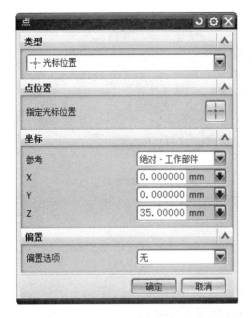

图 5.23　将"Z"的值设为 35mm

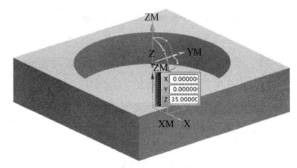

图 5.24　"WCS"的坐标进行 Z 向移动 35

2）创建安全平面。在机床坐标系创建完成后，系统将自动回到"MCS"对话框。

①在"MCS"对话框的"安全设置选项"的下拉列表中选择"平面"选项，如图 5.25 所示。然后单击"平面对话框"按钮，如图 5.26 所示，弹出"平面"对话框，如图 5.27 所示。选择工件上表面作为安全平面的参考面，工件上表面如图 5.28 所示。

图 5.25　选择"平面"选项

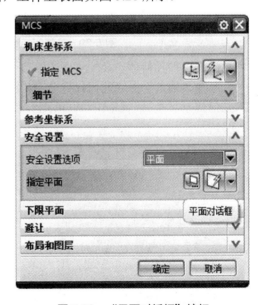

图 5.26　"平面对话框"按钮

图 5.27　"平面"对话框

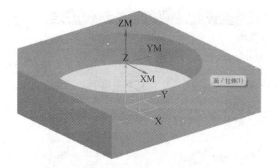

图 5.28　工件上表面

② 要"平面"对话框中，设置距离为 5mm，便会在绘图区出现安全平面预览，如图 5.29 所示。然后单击两次"确定"按钮，即可完成安全平面的设置。

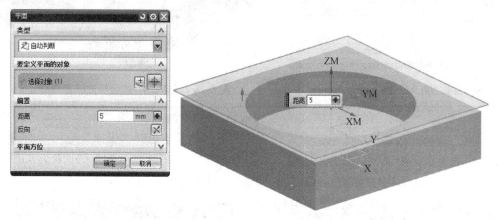

图 5.29　设置距离为 5mm 及安全平面的预览

3）创建工件几何体。

① 选择"插入"→"几何体"命令，弹出"创建几何体"对话框，如图 5.30 所示。然后在"几何体子类型"区域单击"WORKPIECE"按钮 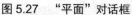，并将"名称"设为"01_WORKPIECE"，如图 5.31 所示。

图 5.30　"创建几何体"对话框

图 5.31　将"名称"设为"01_WORKPIECE"

② 单击"确定"按钮，弹出"工件"对话框，如图 5.32 所示。在该对话框中，单击"选择或编辑几何体"按钮 ，弹出"部件几何体"对话框，如图 5.33 所示。

图 5.32　"工件"对话框

图 5.33　"部件几何体"对话框

③ 单击选取零件后，零件高亮显示，如图 5.34 所示。然后在"工件"对话框中，单击"选择或编辑毛坯几何体"按钮，弹出"毛坯几何体"对话框，在"几何体"下拉列表中选择"包容块"选项，如图 5.35 所示。在绘图区的零件则被选中，包容块的设置如图 5.36 所示。然后单击两次"确定"按钮，便可完成工件几何体的创建。

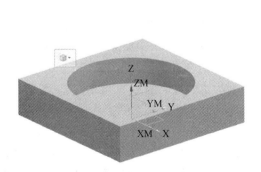

图 5.34　零件高亮显示

图 5.35　选择"包容块"选项

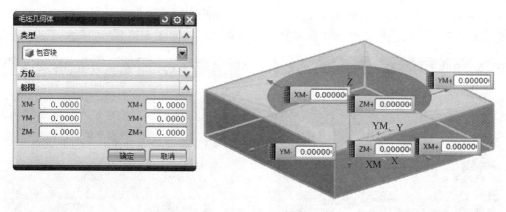

图 5.36　包容块的设置

4）创建切削区域几何体。

① 选择"插入"→"几何体"命令，弹出"创建几何体"对话框，在"几何体子类型"区域单击"MILL_AREA"按钮，在"位置"区域的"几何体"的下拉列表中选择"01_WORKPIECE"选项，如图 5.37 所示，并将"名称"设为"01_AREA"，如图 5.38 所示。

图 5.37　选择"01_WORKPIECE"选项

图 5.38　将"名称"设为"01_AREA"

② 单击"确定"按钮，弹出"铣削区域"对话框，并在"指定切削区域"中单击"选择或编辑切削区域几何体"按钮，弹出"切削区域"对话框，如图 5.39 所示。在绘图区的零件中，选择需要切削加工的区域，选中后的切削加工的区域如图 5.40 所示。然后单击两次"确定"按钮，即可完成切削区域几何体的创建。

步骤 4：创建刀具。

1）选择"插入"→"刀具"命令，弹出"创建刀具"对话框，如图 5.41 所示。在该对话框的"刀具子类型"区域默认"MILL"按钮为选中状态，并将"名称"设为"d1"，如图 5.42 所示。

图 5.39 "切削区域"对话框

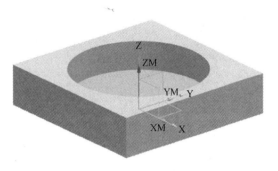

图 5.40 选中后的切削加工的区域

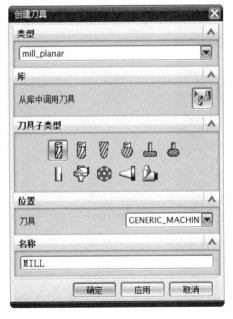

图 5.41 "创建刀具"对话框

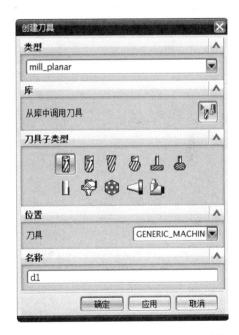

图 5.42 设置"刀具子类型"和"名称"

2）单击"确定"按钮，弹出"铣刀-5 参数"对话框，如图 5.43 所示。同时在绘图区中出现铣刀的预览，如图 5.44 所示。根据加工要求将刀具的直径设定为 10mm，其他参数默认，如图 5.45 所示。然后单击"确定"按钮，即可完成刀具的设定。

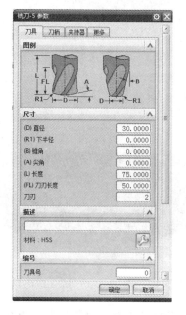

图 5.43　"铣刀-5 参数"对话框

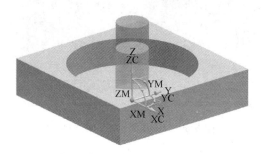

图 5.44　铣刀预览

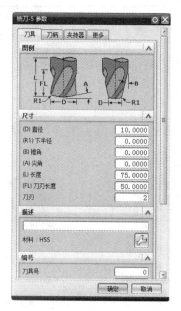

图 5.45　刀具的直径设定为 10

步骤 5：创建加工方法。

1）选择"插入"→"方法"命令，弹出"创建方法"对话框，如图 5.46 所示。在"类型"下拉列表中选择"mill-contour"选项，如图 5.47 所示。在"方法子类型"区域单击"MOLD_FINISH_HSM"按钮凸，同时在"方法"下拉列表中选择"MILL_SEMI_FINISH"选项，如图 5.48 所示，并将"名称"设为"FINISH"，如图 5.49 所示。

图 5.46　"创建方法"对话框

图 5.47　选择"mill-contour"项

图 5.48　设置"方法子类型"和"方法"

图 5.49　将"名称"设为"FINISH"

2）单击"确定"按钮，弹出"模具精加工 HSM"对话框，如图 5.50 所示。在"余量"区域将"部件余量"的值修改为"0.4"，单击"确定"按钮，即可完成加工方法的创建。

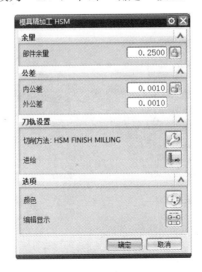

图 5.50　"模具精加工 HSM"对话框

步骤 6：创建工序。

1）创建机床坐标系。选择"插入"→"工序"命令，弹出"创建工序"对话框，在"工序子类型"区域默认"CAVITY_MILL"按钮为选中状态，其他选项设置默认，如图 5.51 所示。

2）单击"确定"按钮，弹出"型腔铣"对话框，如图 5.52 所示。将"刀轨设置"区域的"最大距离"设定为 1mm，随后单击"切削参数"按钮，弹出"切削参数"对话框，如图 5.53 所示。切换至"余量"面板，将"部件侧面余量"设为"0.1"，内公差和外公差均设为"0.02"，其余参数设置默认，如图 5.54 所示。设置完毕后单击"确定"按钮。

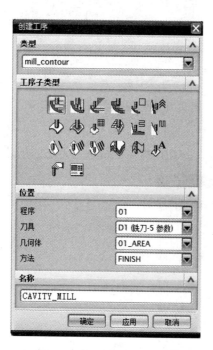

图 5.51 "创建工序"对话框

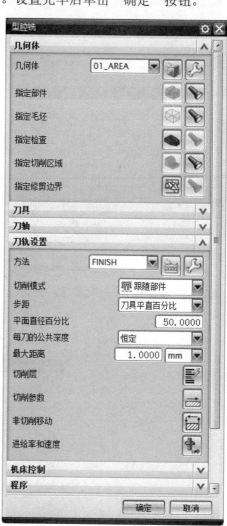

图 5.52 "型腔铣"对话框

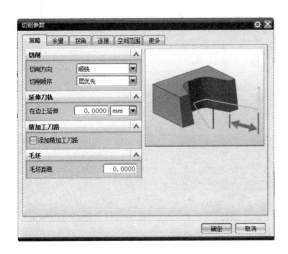

图5.53　"切削参数"对话框

图5.54　"余量"面板参数设置

3）单击"非切削移动"按钮，弹出"非切削移动"对话框，各项参数设置如图5.55所示，设置完毕后单击"确定"按钮。

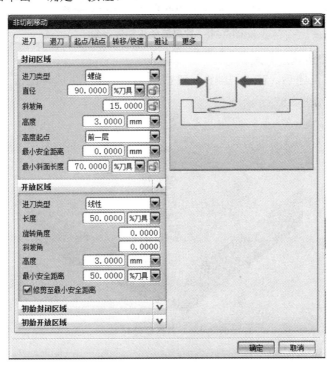

图5.55　"非切削移动"对话框及各项参数设置

4）单击"进给率和速度"按钮，弹出"进给率和速度"对话框，勾选"主轴速度"复选框并设为"1500"，将"进给率"区域的"切削"设置为"250"，然后单击"计算"按钮，系统将自动进行计算，计算后各项参数设置如图5.56所示，最后单击"确定"按钮完成设置。

图 5.56 计算后各项参数设置

步骤 7：生成刀路轨迹并确认。

1）在完成创建工序后，在"型腔铣"对话框中，单击"生成"按钮 ，绘图区中显示出刀路轨迹预览，如图 5.57 所示。

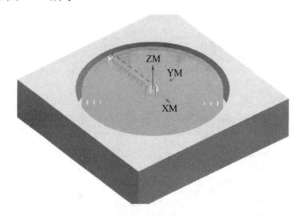

图 5.57 刀路轨迹预览

2）单击"确认"按钮 ，弹出"刀轨可视化"对话框，如图 5.58 所示，同时在绘图区出现刀具预览，如图 5.59 所示，这样可以看到刀具加工的刀路的大概情况。

3）切换至"2D 动态"面板，如图 5.60 所示。将"动画速度"设置为"1"，随后单击"播放"按钮 ，可以进行加工预览播放，随后在绘图区可进行加工预览，完成预览后单击"确定"按钮即可。

图 5.58　"刀轨可视化"对话框

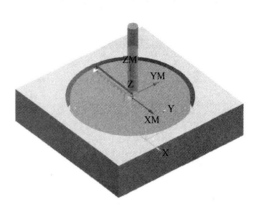

图 5.59　刀具预览

图 5.60　"2D 动态"面板

步骤 8：生成程序。

在左侧模型树中，选择 √ [01] 选项，并在工具栏中单击"后处理"按钮 [图]，弹出"后处理"对话框，在"后处理器"下拉列表中选择"MILL_3_AXIS"选项，将"设置"区域的"单位"设置为"公职/部件"，其余选项设置如图 5.61 所示。单击"确定"按钮，弹出"刀轨过时"对话框，如图 5.62 所示。单击"确定"按钮即可。弹出"信息"对话框，如图 5.63 所示。这样所需要的零件的数控加工程序便生成了。最后保存即可。

这样整个简单零件的数控加工仿真过程便完成了。

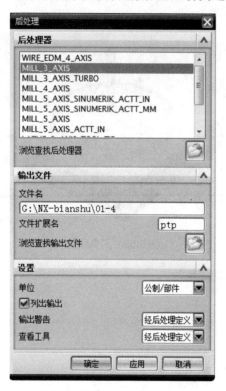

图 5.61 "后处理"对话框及设置

图 5.62 "刀轨过时"对话框

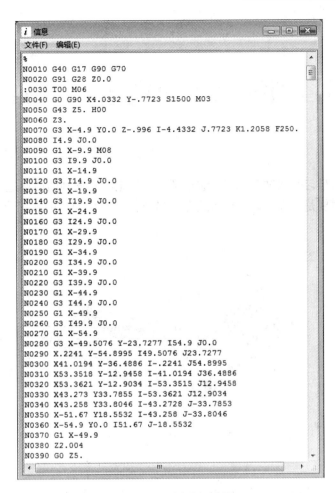

图 5.63 "信息"对话框

项目训练六　面铣削区域加工

接下来我们来学习平面铣削加工，这也是铣削加工经常遇到的情况之一。我们学习的面铣削区域加工，主要是对零件表面进行铣削，铣削的三维模型如图 6.1 所示。

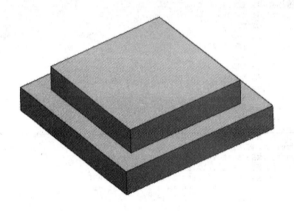

图 6.1　铣削的三维模型

1. 零件建模

1）单击"拉伸"按钮 📶，在坐标系中选择"X-Y"平面作为绘图基准面，如图 6.2 所示，进入绘图界面。进入后绘制一个边长为 200mm 的正方形，如图 6.3 所示。完成后返回建模界面，输入拉伸高度为 30mm，然后单击"确定"按钮，即可生成长方体，生成的长方体如图 6.4 所示。

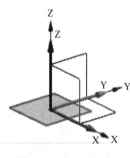

图 6.2　"X-Y"平面

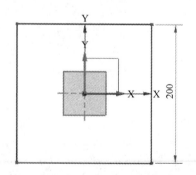

图 6.3　边长为 200mm 的正方形

2）再次单击"拉伸"按钮 📶，选择如图 6.5 所示的"面 1"作为绘图基准面，进入绘图界面。进入后绘制一个边长为 150mm 的正方形，如图 6.6 所示。完成后返回建模界面，输入拉伸高度为 30mm，如图 6.7 所示，然后单击"确定"按钮，即完成三维零件的创建，生成的三维零件如图 6.8 所示。

图 6.4　生成的长方体

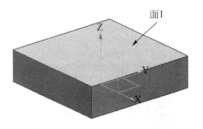

图 6.5　选择"面 1"作为绘图基准面

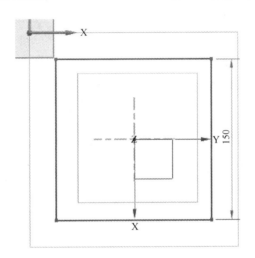

图 6.6　边长为 150mm 的正方形

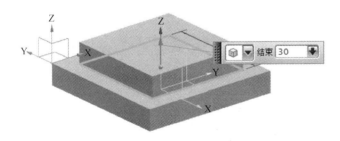

图 6.7　拉伸高度为 30mm

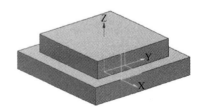

图 6.8　三维零件

2. 数控编程

步骤 1：加载加工模块。

在被加工零件打开的前提下，选择"开始"→"加工"命令，如图 6.9 所示，弹出"加工环境"对话框，如图 6.10 所示。在该对话框中"要创建的 CAM 设置"下拉列表中选择"mill-planar"选项，单击"确定"按钮，系统进入加工环境。

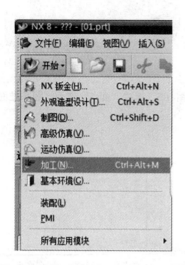

图 6.9 选择"开始"→"加工"命令

图 6.10 "加工环境"对话框

步骤 2:创建几何体。

1)创建机床坐标系。

① 在左侧菜单空白处右击,在弹出的快捷菜单中选择"几何视图"命令,如图 6.11 所示,弹出"Mill Orient"对话框,如图 6.12 所示。

图 6.11 选择"几何视图"命令

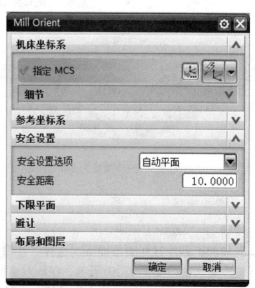

图 6.12 "Mill Orient"对话框

② 在该对话框中，单击"CSYS 对话框"按钮![icon]，弹出"CSYS"对话框，如图 6.13 所示，单击"操控器"按钮![icon]，弹出"点"对话框。在"输出坐标"区域中，将"Z"的值设置为 60mm，如图 6.14 所示。此时可看到绘图区中的"WCS"的坐标沿 Z 向移动了 60mm，如图 6.15 所示。然后两次单击"确定"按钮，即可完成机床坐标系的创建。

图 6.13 "CSYS"对话框

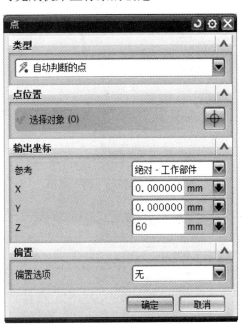

图 6.14 将"Z"的值设置为 60mm

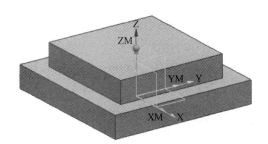

图 6.15 "WCS"的坐标沿 Z 向移动了 60mm

2）创建安全平面。在机床坐标系创建完成后，自动回到"MCS"对话框。

① 在"MCS"对话框的"安全设置选项"的下拉列表中选择"平面"选项，如图 6.16 所示。然后单击"平面对话框"按钮![icon]，如图 6.17 所示，弹出"平面"对话框，如图 6.18 所示。选择工件上表面作为安全平面的参考面，工件上表面如图 6.19 所示。

图 6.16　选择"平面"选项

图 6.17　单击"平面对话框"按钮

图 6.18　"平面"对话框

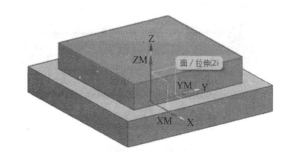

图 6.19　工件上表面

② 在"平面"对话框中，设置距离为 10mm，此时便会在绘图区出现安全平面预览，如图 6.20 所示。然后单击两次"确定"按钮，即可完成安全平面的设置。

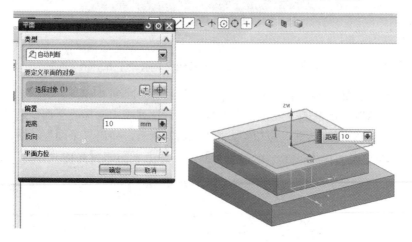

图 6.20　设置距离为 10mm 及安全平面预览

3）创建工件几何体。

① 在左侧的菜单栏中单击 MCS-MILL 选项前的 ⊞ 按钮，便可将 WORKPIECE 项展开，然后双击"WORKPIECE"按钮，弹出"铣削几何体"对话框，如图 6.21 所示。在该对话框中，单击"选择或编辑几何体"按钮，弹出"部件几何体"对话框，如图 6.22 所示。

图 6.21 "铣削几何体"对话框

图 6.22 "部件几何体"对话框

② 单击选取零件后，零件高亮显示，如图 6.23 所示。然后在"铣削几何体"对话框中，单击"选择或编辑毛坯几何体"按钮，弹出"毛坯几何体"对话框，在"几何体"下拉列表中选取"部件的偏置"选项，如图 6.24 所示。设置偏置数值为"1"，则绘图区中的零件被选中，然后单击两次"确定"按钮，便可完成几何体的创建。

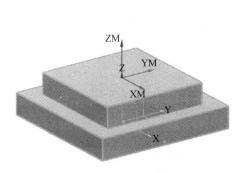

图 6.23 零件高亮显示

图 6.24 选择"部件的偏置"选项

步骤3：创建刀具。

1）选择"插入"→"刀具"命令，弹出"创建刀具"对话框，如图 6.25 所示。在该对话框的"刀具子类型"区域默认"MILL"按钮 为选中状态，并将"名称"设为"MILL"。

2）单击"确定"按钮，弹出"铣刀-5 参数"对话框，如图 6.26 所示。同时在绘图区中出现铣刀的预览，如图 6.27 所示。根据加工要求将刀具的直径设定为"10"，长度设为"50"，刀刃长度设为"35"，其他参数默认，如图 6.28 所示。最后单击"确定"按钮，即可完成刀具的设定。

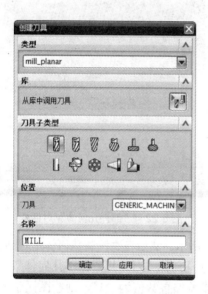

图 6.25　"创建刀具"对话框

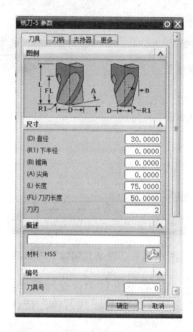

图 6.26　"铣刀-5 参数"对话框

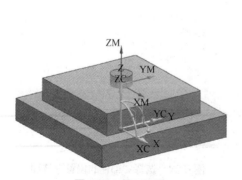

图 2.27　铣刀预览

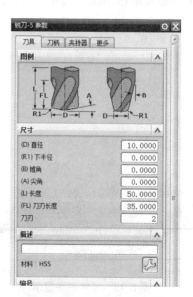

图 6.28　刀具的各参数设置

步骤 4：创建工序。

1）选择"插入"→"工序"命令，弹出"创建工序"对话框，在"工序子类型"区域默认"FACE_MILLING_AREA"按钮为选中状态，"位置"区域中的各项设置如图 6.29所示，其他设置默认，然后单击"确定"按钮，弹出"面铣削区域"对话框，如图 6.30 所示。

图 6.29　"创建工序"对话框及各项设置

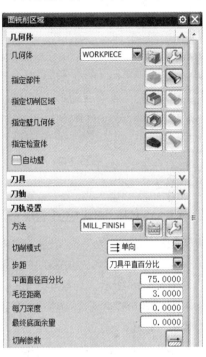

图 6.30　"面铣削区域"对话框

2）创建切削区域几何体。在"面铣削区域"对话框中，单击"指定切削区域"按钮，弹出"切削区域"对话框，如图 6.31 所示。然后在绘图区的零件中，选取工件上表面为切削加工的区域，选中后的切削加工的区域如图 6.32 所示。然后单击两次"确定"按钮，即可完成切削区域几何体的创建。

图 6.31　"切削区域"对话框

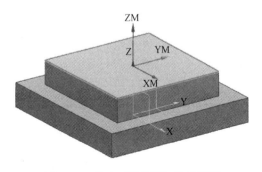

图 6.32　选中后的切削加工的区域

3）在"面铣削区域"对话框的"刀轨设置"区域中，在"切削模式"下拉列表中选择"跟随周边"选项，如图6.33所示。在"步距"下拉列表中选择"刀具平直百分比"选项，并将"平面直径百分比"的值设为"50"，将"毛坯距离"的值设为"1"，将"每刀深度"的值设为"0.5"，其他选项设置默认，如图6.34所示。

图6.33　选择"跟随周边"选项

图6.34　其他选项设置

4）单击"切削参数"按钮，弹出"切削参数"对话框，在"策略"面板中，将"刀路方向"修改为"向内"，如图6.35所示。切换至"余量"面板，将内公差和外公差均设为"0.03"，如图6.36所示。切换至"拐角"面板，将"光顺"设置为"所有刀路"，其他选项设置默认，如图6.37所示。切换至"连接"面板，各选项设置如图6.38所示。设置完毕后单击"确定"按钮。

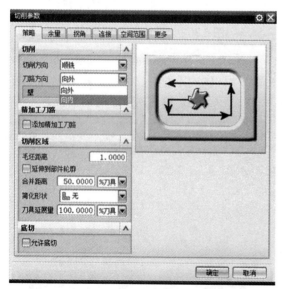

图6.35　"策略"面板参数设置

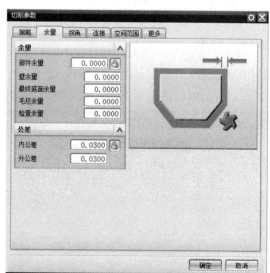

图6.36　"余量"面板参数设置

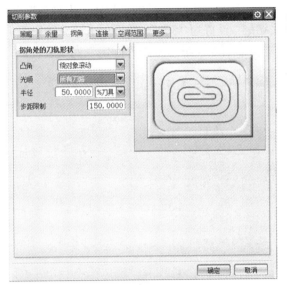

图 6.37 "拐角" 面板参数设置

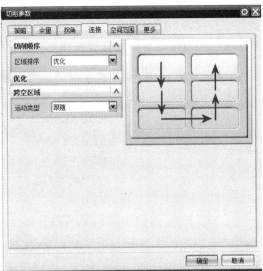

图 6.38 "连接" 面板参数设置

5）单击"非切削移动"按钮，弹出"非切削移动"对话框，各项参数设置如图 6.39 所示，设置完毕后单击"确定"按钮。

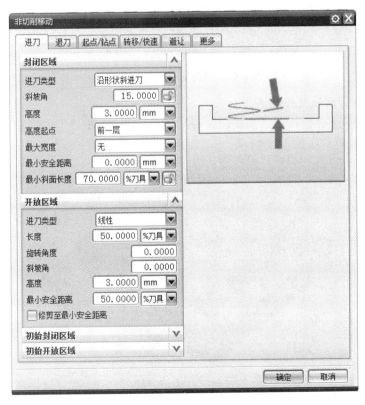

图 6.39 "非切削移动"对话框及各项参数设置

6）单击"进给率和速度"按钮 ![icon]，弹出"进给率和速度"对话框，勾选"主轴速度"复选框并设为"1500"，将"进给率"区域中的"切削"设置为"800"，然后单击计算按钮 ![icon]，系统将自动进行计算，计算后各项参数设置如图 6.40 所示，最后单击"确定"完成设置。

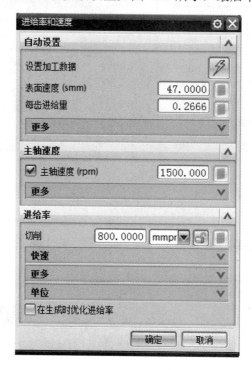

图 6.40　计算后各项参数设置

步骤 5：生成刀路轨迹并确认。

1）在完成创建工序后，在"面铣削区域"对话框中，单击"生成"按钮 ![icon]，绘图区中显示出刀路轨迹预览，如图 6.41 所示。

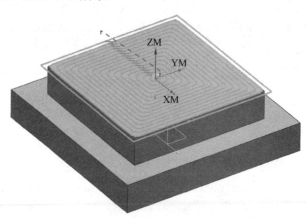

图 6.41　刀路轨迹预览

2）单击"确认"按钮 ![icon]，弹出"刀轨可视化"对话框，如图 6.42 所示。切换至"2D

动态"面板,如图 6.43 所示。将"动画速度"设置为"1",随后单击"播放"按钮 ▶,可以进行加工预览播放,随后在绘图区可进行加工预览,完成预览后单击"确定"按钮即可。

图 6.42 "刀轨可视化"对话框

图 6.43 "2D 动态"面板

步骤 6:生成程序。

该步的步骤与项目训练五的"生成程序"步骤相同,这里省略。

这样整个面铣削区域加工仿真过程便完成了。

项目训练七　表面铣削加工

　　接下来我们来学习表面铣削加工，表面铣削加工主要是通过对加工表面的边界来定义铣削区域的，同时也可以通过对面或面上的线或点来创建边界几何体。表面铣削的三维模型如图 7.1 所示。

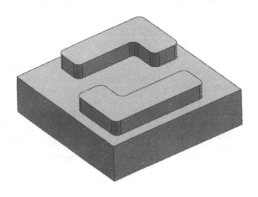

图 7.1　表面铣削加工的三维模型

　　1. 零件建模

　　1）单击"拉伸"按钮，在坐标系中选择"X-Y"平面作为绘图基准面，如图 7.2 所示，进入绘图界面。进入后绘制一个边长为 200mm 的正方形，如图 7.3 所示。完成后返回建模界面，输入拉伸高度为 50mm，然后单击"确定"按钮即可生成长方体，生成的长方体如图 7.4 所示。

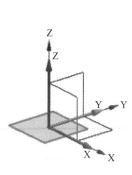

图 7.2　"X-Y"平面

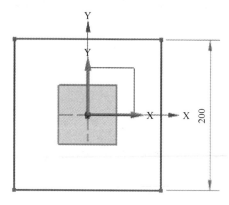

图 7.3　边长为 200mm 的正方形

2）再次单击"拉伸"按钮，选择如图 7.5 所示的"面 1"作为绘图基准面，进入绘图界面。进入后绘制如图 7.6 所示的二维草绘图形。完成后返回建模界面，输入拉伸高度为 20mm，如图 7.7 所示，然后单击"确定"按钮，即可完成三维零件的创建，生成的三维零件如图 7.8 所示。

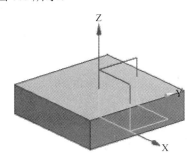

图 7.4　生成的长方体

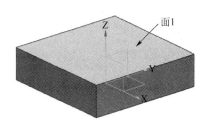

图 7.5　选择"面 1"作为绘图基准面

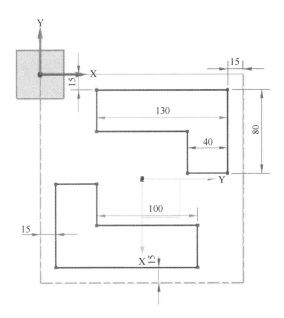

图 7.6　二维草绘图形

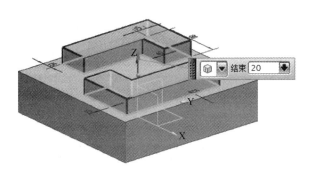

图 7.7　拉伸高度为 20mm

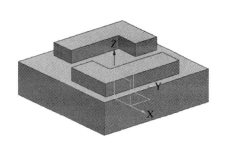

图 7.8　三维零件

3）单击边倒圆按钮 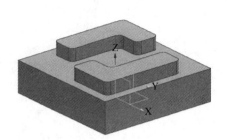，对零件的拉伸凸起进行倒圆角，将圆角的半径设为 8mm，如图 7.9 所示。最终完成的三维零件模型如图 7.10 所示。

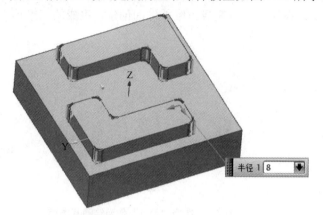

图 7.9 圆角的半径设为 8mm   图 7.10 最终的三维零件模型

2. 数控编程

步骤 1：加载加工模块。

在被加工零件打开的前提下，选择"开始"→"加工"命令，如图 7.11 所示，弹出"加工环境"对话框，如图 7.12 所示。在该对话框中"要创建的 CAM 设置"下拉列表中选择"mill-planar"选项，单击"确定"按钮，系统进入加工环境。

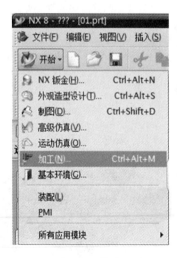

图 7.11 选取"开始"/"加工"   图 7.12 "加工环境"对话框

步骤 2：创建几何体。

1）创建机床坐标系。

① 在左侧菜单空白处右击，在弹出的快捷菜单中选择"几何视图"命令，如图 7.13 所示，弹出"Mill Orient"对话框，如图 7.14 所示。

图 7.13 选择"几何视图"命令

图 7.14 "Mill Orient"对话框

② 在该对话框中，单击"CSYS 对话框"按钮![icon]，弹出"CSYS"对话框，如图 7.15 所示，单击"操控器"按钮![icon]，弹出"点"对话框。在"坐标"区域中，将"Z"的值设置为70mm，如图 7.16 所示。此时可看到绘图区中的"WCS"的坐标沿 Z 向移动了 70mm，如图 7.17 所示。然后两次单击"确定"按钮，即可完成机床坐标系的创建。

图 7.15 "CSYS"对话框

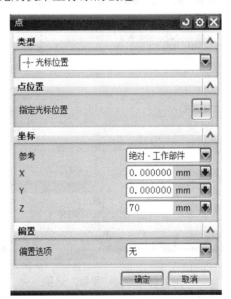

图 7.16 将"Z"的值设置为 70mm

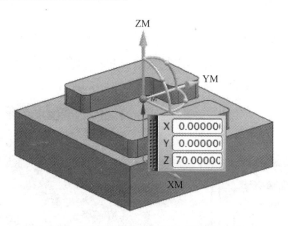

图 7.17   "WCS" 的坐标沿 Z 向移动了 70mm

2）创建安全平面。在机床坐标系创建完成后，自动回到"MCS"对话框。在"MCS"对话框的"安全设置选项"的下拉列表中选择"平面"选项，如图 7.18 所示。然后单击"平面对话框"按钮，如图 7.19 所示，弹出"平面"对话框，如图 7.20 所示。选择工件上表面作为安全平面的参考面，设置偏移距离为"10"，如图 4.21 所示。然后单击两次"确定"按钮，即可完成安全平面的设置。

3）创建工件几何体。

① 在左侧的菜单栏中单击 MCS_MILL 选项前的 ⊞ 按钮,便可将 WORKPIECE 项展开，然后双击"WORKPIECE"按钮，弹出"铣削几何体"对话框，如图 7.22 所示。在该对话框中，单击"选择或编辑几何体"按钮，弹出"部件几何体"对话框，如图 7.23 所示。

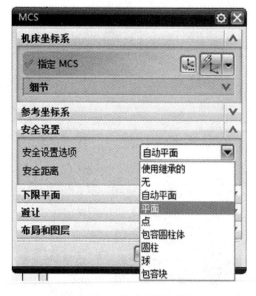

图 7.18 选择 "平面" 选项

图 7.19   "平面对话框" 按钮

图 7.20 "平面"对话框

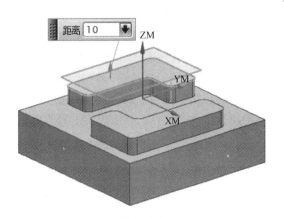

图 7.21 偏移距离为"10"

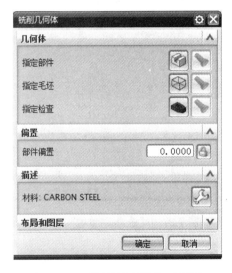

图 7.22 "铣削几何体"对话框

图 7.23 "部件几何体"对话框

② 单击选取零件后，零件高亮显示，如图 7.24 所示。然后在"铣削几何体"对话框中，单击"选择或编辑毛坯几何体"按钮，弹出"毛坯几何体"对话框，在"几何体"下拉列表中选择"包容块"选项，则在绘图区中的零件被选中，包容块设置如图 7.25 所示。然后单击两次"确定"按钮，便可完成几何体的创建。

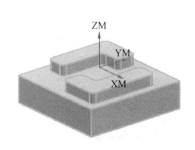

图 7.24 零件高亮显示

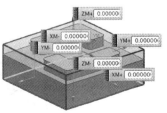

图 7.25 包容块设置

步骤 3：创建刀具。

1）选择"插入"→"刀具"命令，弹出"创建刀具"对话框，在"刀具子类型"区域默认"MILL"按钮 为选中状态，并将"名称"设为"D8C1"，如图 7.26 所示。

2）单击"确定"按钮，弹出"铣刀-5 参数"对话框，如图 7.27 所示。同时在绘图区出现铣刀的预览，如图 7.28 所示。根据加工要求将刀具的直径设为"8"，倒斜角度设为"45"，倒斜角长度设为"1"，长度设为"75"，刀刃长度设为"50"，其他参数设置默认，如图 7.29所示。最后单击"确定"按钮，即可完成刀具的设定。

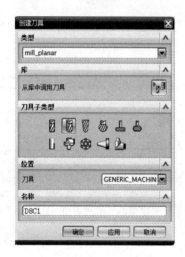

图 7.26　将"名称"设为"D8C1"

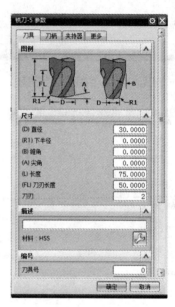

图 7.27　"铣刀-5 参数"对话框

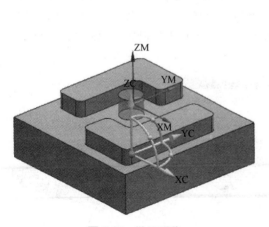

图 7.28　铣刀预览

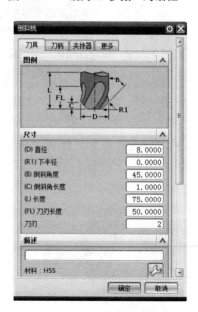

图 7.29　刀具的各参数设置

步骤4：创建工序。

1）选择"插入"→"工序"命令，弹出"创建工序"对话框，在"工序子类型"区域默认"FACE_MILLING"按钮为选中状态，"位置"区域的各项设置如图 7.30 所示。其他设置默认，然后单击"确定"按钮，弹出"面铣"对话框，如图 7.31 所示。

图 7.30 "创建工序"对话框及各项设置

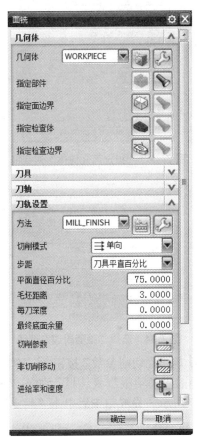

图 7.31 "面铣"对话框

2）对边界进行指定。在"面铣"对话框中，在"几何体"区域单击"选择或编辑面几何体"按钮，弹出"指定面几何体"对话框，如图 7.32 所示，在"过滤器类型"中，单击"面边界"按钮，选取加亮面作为边界面，如图 7.33 所示。

3）在"面铣"对话框的"刀轨设置"区域，在"切削模式"下拉列表中选择"跟随周边"选项，如图 7.34 所示。在"步距"下拉列表中选择"刀具平直百分比"选项，并将"平面直径百分比"的值设为"50"，将"毛坯距离"设为"10"，将"每刀深度"设为"2"，其他选项设置默认，如图 7.35 所示。

图 7.32 "指定面几何体"对话框

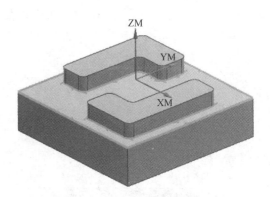

图 7.33 选取加亮面作为边界面

图 7.34 选择"跟随周边"选项

图 7.35 其他选项设置

4）单击"切削参数"按钮，弹出"切削参数"对话框，在"策略"面板中，勾选"壁"区域中的"岛清根"复选框，如图 7.36 所示。切换至"余量"面板，其相关参数设置如图 7.37 所示。设置完毕后单击"确定"按钮。

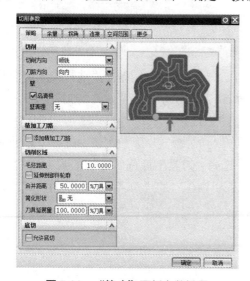

图 7.36 "策略"面板参数设置

图 7.37 "余量"面板参数设置

5）单击"非切削移动"按钮，弹出"非切削移动"对话框，各项参数设置如图4.38所示，设置完毕后单击"确定"按钮。

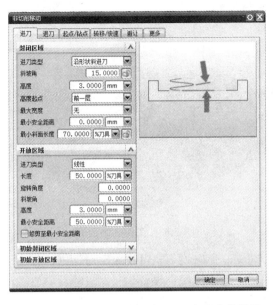

图7.38 "非切削移动"对话框及各项参数设置

6）单击"进给率和速度"按钮，弹出"进给率和速度"对话框，勾选"主轴速度"复选框并设为"1500"，将"进给率"区域中的"切削"设置为"800"，并单击计算按钮，系统将自动进行计算，计算后各项参数设置如图7.39所示，然后单击"确定"按钮完成设置。单击"更多"下拉按钮，将"进刀"设置为"50"，"第一刀切削"设置为"100"，"退刀"设置为"3000"，其他参数设置默认，如图7.40所示，然后单击"确定"按钮完成设置。

图7.39 计算后各项参数设置

图7.40 "更多"中的参数设置

步骤 5：生成刀路轨迹并确认。

1）在完成创建工序后，在"面铣削区域"对话框中，单击"生成"按钮，绘图区显示出刀路轨迹预览，如图 7.41 所示。

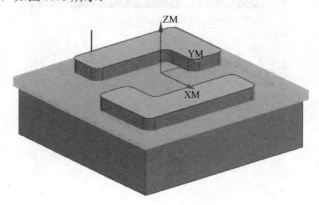

图 7.41　刀路轨迹预览

2）单击"确认"按钮，弹出"刀轨可视化"对话框，如图 7.42 所示。切换至"2D 动态"，如图 7.43 所示。将"动画速度"设置为"1"，随后单击"播放"按钮，可以进行加工预览播放，随后在绘图区可进行加工预览，如图 7.44 所示。完成预览后单击"确定"按钮，便可得到加工后的模型，如图 7.45 所示。

图 7.42　"刀轨可视化"对话框

图 7.43　"2D 动态"面板

图 7.44 加工预览

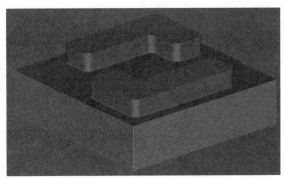

图 7.45 加工后的模型

步骤6：生成程序。

该步的步骤与项目训练五的"生成程序"的步骤相同，这里省略。

这样整个表面铣削区域加工仿真过程便完成了。

项目训练八　平面铣削加工

接下来我们来学习平面铣削加工，平面铣削加工主要是通过工件进行逐层切削来创建道具的路径，主要用于平面轮廓铣削、平面区域铣削或平面孤岛铣削等铣削情况，主要适用于较大切除余量的加工场合。平面铣削加工的三维模型如图8.1所示。

图 8.1　平面铣削加工的三维模型

1. 零件建模

1）单击"拉伸" 按钮，在坐标系中选择"X-Y"平面作为绘图基准面，如图8.2所示，进入绘图界面。进入后绘制一个边长为400mm的正方形，如图8.3所示。完成后返回建模界面，输入拉伸高度为70mm，然后单击"确定"按钮，即可生成长方体，生成的长方体如图8.4所示。

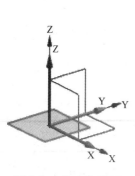

图 8.2　"X-Y"平面

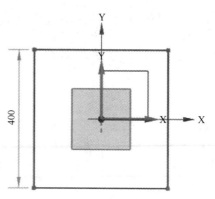

图 8.3　边长为 400mm 的正方形

2）再次单击"拉伸"按钮，选取如图 8.5 所示的"面 1"作为绘图基准面，进入绘图界面。进入后绘制如图 8.6 所示的二维草绘图形。完成后返回建模界面，输入切削深度为 40mm，如图 8.7 所示，然后单击"确定"按钮，即可完成三维零件的创建，生成的三维零件如图 8.8 所示。

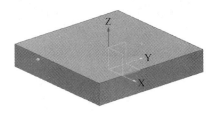

图 8.4　生成的长方体

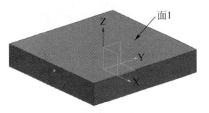

图 8.5　选择"面 1"作为绘图基准面

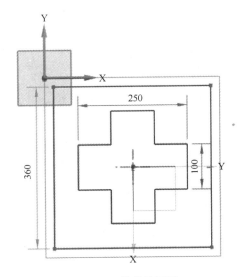

图 8.6　二维草绘图形

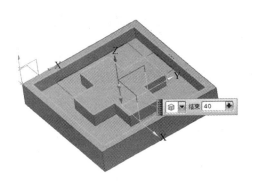

图 8.7　切削深度为 40mm

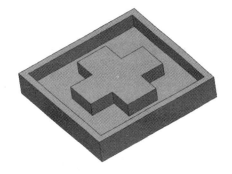

图 8.8　三维零件

3）单击边倒圆按钮，对零件边缘的 4 个内角进行倒圆角，将圆角的半径设为 60mm，如图 8.9 所示。第 1 次倒圆角完成后的三维零件模型如图 8.10 所示。

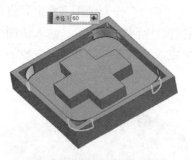

图 8.9 圆角的半径设为 8mm

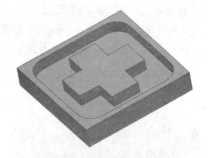

图 8.10 第 1 次倒圆角后的三维零件模型

4）单击边倒圆按钮 ，对零件中心结构的 12 个直角进行倒圆角，将圆角的半径设为 20mm，如图 8.11 所示。第 2 次倒圆角完成后得到最终的三维零件模型，如图 8.12 所示。

图 8.11 圆角的半径设为 20mm

图 8.12 最终的三维零件模型

2. 数控编程

步骤 1：加载加工模块。

在被加工零件打开的前提下，选择"开始"→"加工"命令，如图 8.13 所示，弹出"加工环境"对话框，如图 8.14 所示。在该对话框中"要创建的 CAM 设置"下拉列表中选择"mill-planar"选项，单击"确定"按钮，系统进入加工环境。

图 8.13 选择"开始"→"加工"命令

图 8.14 "加工环境"对话框

步骤2：创建几何体。

1）创建机床坐标系。

① 在左侧菜单空白处右击，在弹出的快捷菜单中选择"几何视图"命令，如图8.15所示，弹出"Mill Orient"对话框，如图8.16所示。

图8.15　选择"几何视图"命令　　　　　图8.16　"Mill Orient"对话框

② 在该对话框中，单击"CSYS对话框"按钮，弹出"CSYS"对话框，如图8.17所示，单击"操控器"按钮，弹出"点"对话框。在"坐标"区域中，将"Z"的值设为70mm，如图8.18所示。此时可看到绘图区中的"WCS"的坐标沿Z向移动了70mm，如图8.19所示。然后两次单击"确定"按钮，即可完成机床坐标系的创建。

图8.17　"CSYS"对话框　　　　　图8.18　将"Z"的值设为70mm

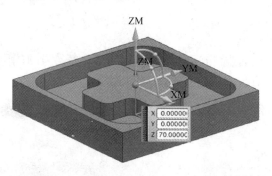

图 8.19　"WCS"的坐标沿 Z 向移动 70mm

2）创建安全平面。在机床坐标系创建完成后，自动回到"MCS"对话框。在"MCS"对话框的"安全设置选项"的下拉列表中选择"平面"选项，如图 8.20 所示。然后单击"平面对话框"按钮，如图 8.21 所示，弹出"平面"对话框，如图 8.22 所示。选取工件上表面作为安全平面的参考面，设置偏移距离为"15"，如图 8.23 所示。然后单击两次"确定"按钮，即可完成安全平面的设置。

图 8.20　选择"平面"选项

图 8.21　"平面对话框"按钮

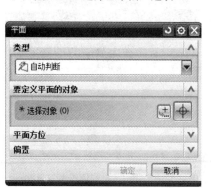

图 8.22　"平面"对话框

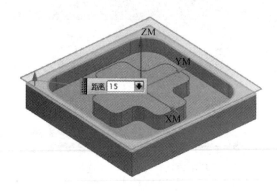

图 8.23　偏移距离为 10

3）创建工件几何体。

① 在左侧的菜单栏中单击 ⊞ 🏠 MCS_MILL 中的 ⊞ 按钮，便可将 📦 WORKPIECE 项展开，然后双击"WORKPIECE"按钮，弹出"铣削几何体"对话框，如图 8.24 所示。在该对话框中，单击"选择或编辑几何体"按钮📦，弹出"部件几何体"对话框，如图 8.25 所示。

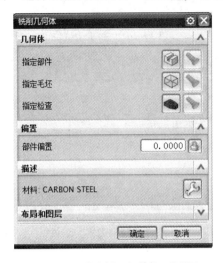

图 8.24　"铣削几何体"对话框

图 8.25　"部件几何体"对话框

② 单击选取零件后，零件高亮显示，如图 8.26 所示。然后在"铣削几何体"对话框中，单击"选择或编辑毛坯几何体"按钮📦，弹出"毛坯几何体"对话框，在"几何体"下拉列表中选择"包容块"选项，则在绘图区中的零件被选中，包容块设置如图 8.27 所示。然后单击两次"确定"按钮，便可完成工件几何体的创建。

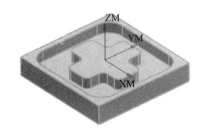

图 8.26　零件高亮显示

图 8.27　包容块设置

步骤 3：创建边界几何体。

1）选择"插入"→"几何体"命令，弹出"创建几何体"对话框，如图 8.28 所示。在"几何体子类型"区域单击"MILL_BND"按钮🔹，在"位置"区域的"几何体"下拉列表中选择"WORKPIECE"选项，其他选项设置默认，然后单击"确定"按钮，弹出"铣削边界"对话框，如图 8.29 所示。

2）指定边界。在"铣削边界"对话框中，在"几何体"区域单击"指定部件边界"按钮🏠，弹出"部件边界"对话框，如图 8.30 所示，在"过滤器类型"中，单击"曲线边界"按钮∫，切换面板后，对面板的设置，如图 8.31 所示。

图 8.28 "创建几何体"对话框

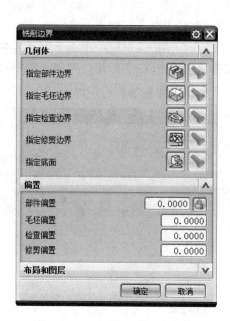

图 8.29 "铣削边界"对话框

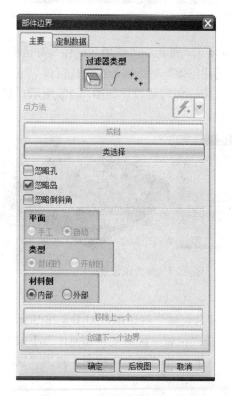

图 8.30 "部件边界"对话框

图 8.31 面板的设置

　　同时，在选取条件下拉列表中选择"相切曲线"选项，如图 8.32 所示。然后，选取外部边界曲线串 1，如图 8.33 所示。

图 8.32 选择"相切曲线"选项

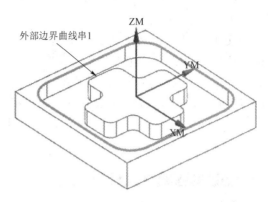

图 8.33 选取边界曲线串 1

然后单击"创建下一个边界"按钮，同时选中面板中的"材料侧"的"内部"单选按钮，其他设置不变，选取内部边界曲线串 2，如图 8.34 所示。完成后单击"确定"按钮，返回"铣削边界"对话框。

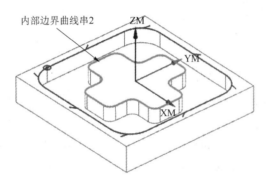

图 8.34 选取内部边界曲线串 2

3）指定底面。在"铣削边界"对话框中单击"指定底面"按钮，弹出"平面"对话框，如图 8.35 所示。并单击选取零件内表面，距离设置为 0mm，如图 8.36 所示。完成后单击"确定"按钮，即可完成边界几何体的创建。

图 8.35 "平面"对话框

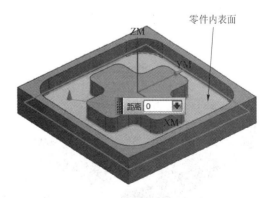

图 8.36 选取零件内表面，距离设置为 0mm

步骤 4：创建刀具。

1）选择"插入"→"刀具"命令，弹出"创建刀具"对话框，在"刀具子类型"区域默认"MILL"按钮 ⫶ 为选中状态，并将"名称"设为"D10R0"，如图 8.37 所示。

2）单击"确定"按钮，弹出"铣刀-5 参数"对话框，如图 8.38 所示。同时在绘图区出现铣刀预览，如图 8.39 所示。根据加工要求将刀具的直径设定为"10"，其他参数设置默认，如图 8.40 所示。最后单击"确定"按钮，即可完成刀具的设定。

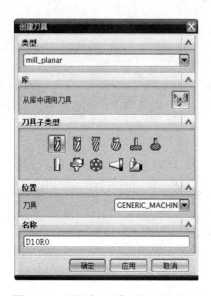

图 8.37 "创建刀具"对话框及设置

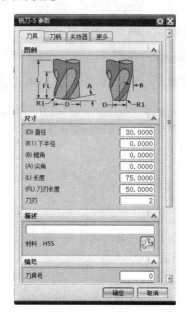

图 8.38 "铣刀-5 参数"对话框

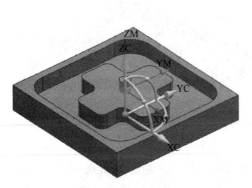

图 8.39 铣刀预览

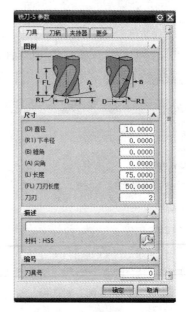

图 8.40 刀具的参数设置

步骤5：创建工序。

1）选择"插入"→"工序"命令，弹出"创建工序"对话框，在"工序子类型"区域默认"PLANER_MILL"按钮 为选中状态，"位置"区域的各项设置如图8.41所示，其他设置默认，然后单击"确定"按钮，弹出"平面铣"对话框，如图8.42所示。

图8.41 "创建工序"对话框及各项设置

图8.42 "平面铣"对话框

2）在该对话框的"刀轨设置"区域，在"切削模式"下拉列表中选择"跟随部件"选项，在"步距"下拉列表中选择"刀具平直百分比"选项，并将"平面直径百分比"的值设为"50"。

3）单击"切削参数"按钮 ，弹出"切削参数"对话框，切换至"余量"面板，其相关参数设置如图8.43所示。切换至"拐角"面板，将"光顺"设置为"所有刀路"，其他各项设置默认，如图8.44所示。切换至"连接"面板，各选项设置如图8.45所示。设置完毕后单击"确定"按钮。

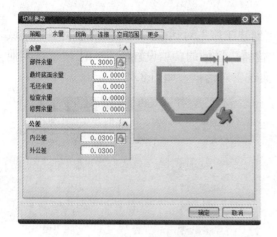

图 8.43 "余量"面板参数设置

图 8.44 "拐角"面板参数设置

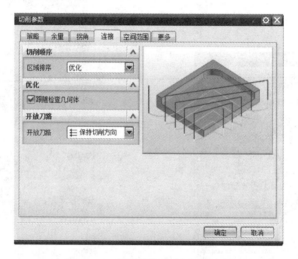

图 8.45 "连接"面板选项设置

4）单击"非切削移动"按钮，弹出"非切削移动"对话框，各项参数设置如图 8.46 所示，设置完毕后单击"确定"按钮。

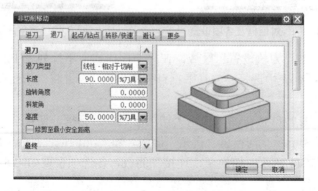

图 8.46 "非切削移动"对话框及各项参数设置

5）单击"进给率和速度"按钮，弹出"进给率和速度"对话框，勾选"主轴速度"复选框并设为"3500"，将"进给率"区域中的"切削"设为"800"，并单击计算按钮，系统将自动进行计算，计算后各项参数设置如图8.47所示，然后单击"确定"按钮完成设置。

图 8.47　计算后各项参数设置

步骤6：生成刀路轨迹并确认。

1）在完成创建工序后，在"平面铣区域"对话框中，单击"生成"按钮，绘图区中显示出刀路轨迹预览，如图8.48所示。

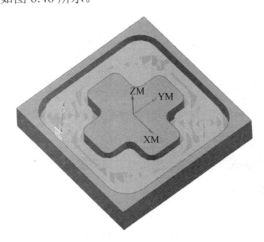

图 8.48　刀路轨迹预览

2）单击"确认"按钮，弹出"刀轨可视化"对话框，如图 8.49 所示。切换至"2D 动态"面板，如图 8.50 所示。将"动画速度"设置为"1"，随后单击"播放"按钮，可以进行加工预览播放，随后在绘图区可进行加工预览，如图 8.51 所示。完成预览后单击"确定"按钮，便可得到加工后的模型，如图 8.52 所示。

图 8.49　"刀轨可视化"对话框

图 8.50　"2D 动态"面板

图 8.51　加工预览

图 8.52　加工后的模型

步骤 7：生成程序。

该步的步骤与项目训练五的"生产程序"的步骤相同，这里省略。

这样整个平面铣削区域加工仿真过程便完成了。

项目训练九　混合铣削加工

接下来我们来学习混合铣削加工，混合铣削加工也被称为手工面铣削，主要用于在加工中，零件所要加工切削的区域不同，需要分别指定加工的切削模式，使每个加工区域都可以单独进行编辑和参数设置。混合铣削加工的三维模型如图 9.1 所示。

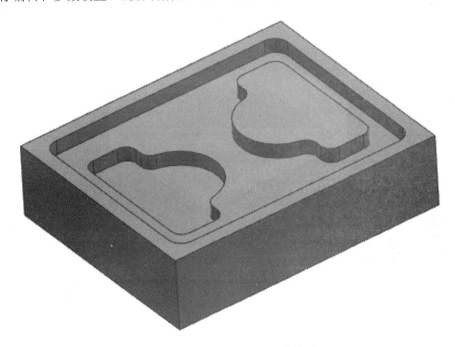

图 9.1　混合铣削加工的三维模型

1. 零件建模

1）单击"拉伸"按钮 🔲，在坐标系中选择"X-Y"平面作为绘图基准面，如图 9.2 所示，进入绘图界面。进入后绘制一个长 200mm、宽 160mm 的长方形，如图 9.3 所示。完成后返回建模界面，输入拉伸高度为 50mm，然后单击"确定"按钮即可生成长方体，生成的长方体如图 9.4 所示。

2）再次单击"拉伸"按钮 🔲，选择如图 9.5 所示的"面 1"作为绘图基准面，进入绘图界面。进入后绘制如图 9.6 所示的二维草绘图形。完成后返回建模界面，输入切削深度为 10mm，如图 9.7 所示，然后单击"确定"按钮即可完成三维零件的创建，生成的三维零件如图 9.8 所示。

3）再次单击"拉伸"按钮▥，选取如图 9.9 所示的切除后产生的"面 2"作为绘图基准面，进入绘图界面。进入后绘制如图 9.10 所示的二维草绘图形。完成后返回建模界面，输入拉伸高度为 10mm，如图 9.11 所示，然后单击"确定"按钮即可完成三维零件的创建，生成的三维零件如图 9.12 所示。

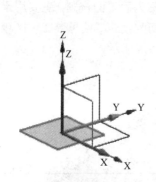

图 9.2 "X-Y"平面

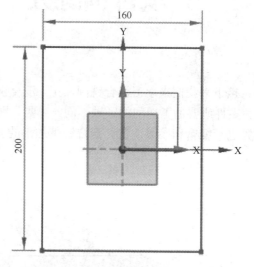

图 9.3 长 200mm、宽 160mm 的长方形

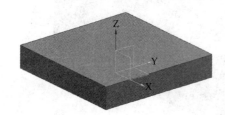

图 9.4 生成的长方体

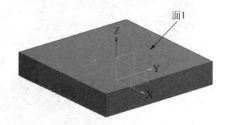

图 9.5 选择"面 1"作为绘图基准面

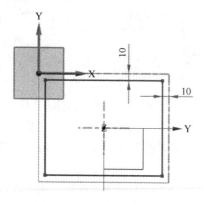

图 9.6 二维草绘图形（1）

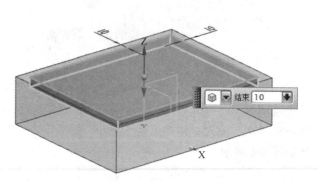

图 9.7 切削深度为 10mm

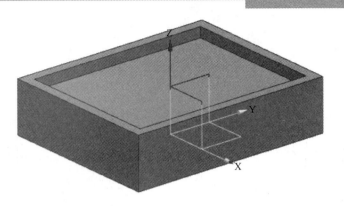

图 9.8　三维零件（1）

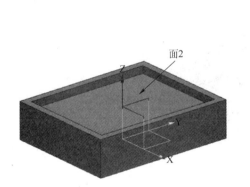

图 9.9　选择"面 2"为绘图基准面

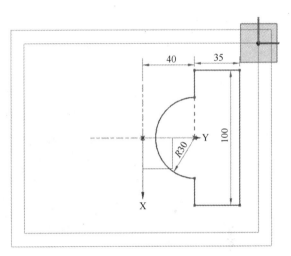

图 9.10　二维草绘图形（2）

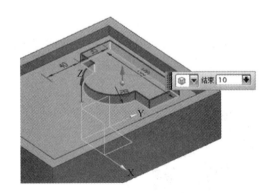

图 9.11　拉伸高度为 10mm

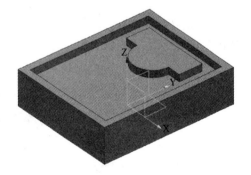

图 9.12　三维零件（2）

4）单击"拉伸"按钮 ，选取"面 2"作为绘图基准面，进入绘图界面。进入后绘制如图 9.13 所示的二维草绘图形。完成后返回建模界面，输入切除深度为 10mm，如图 9.14 所示，然后单击"确定"按钮，即可完成三维零件的创建，生成的三维零件如图 9.15 所示。

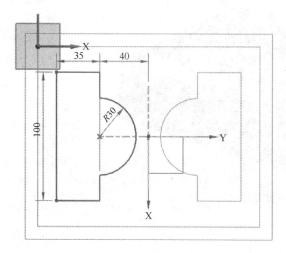

图 9.13 二维草绘图形（3）

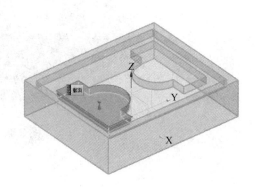

图 9.14 切除深度为 10mm

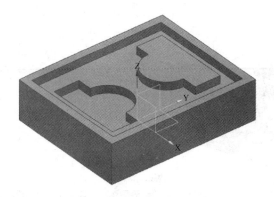

图 9.15 三维零件（3）

5）对模型进行倒圆角细化。

① 单击边倒圆按钮 ，进行第 1 次倒圆角，设置圆角半径为 10mm，第 1 次倒圆角预览如图 9.16 所示。完成后单击"确定"按钮，第 1 次倒圆角如图 9.17 所示。

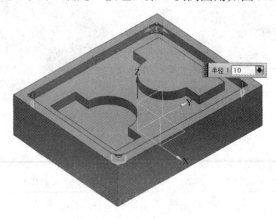

图 9.16 第 1 次倒圆角预览

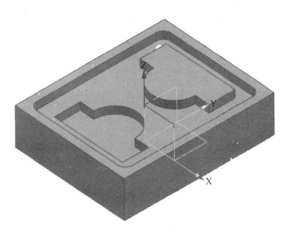

图 9.17　第 1 次倒圆角

②　进行第 2 次倒圆角，设置圆角半径为 8mm，第 2 次倒圆角预览如图 9.18 所示。完成后单击"确定"按钮，这样第 2 次倒圆角完成。最终完成的三维零件模型如图 9.19 所示。

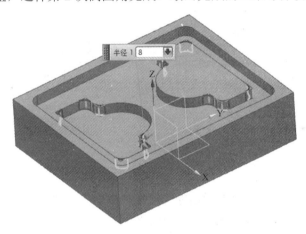

图 9.18　第 2 次倒圆角

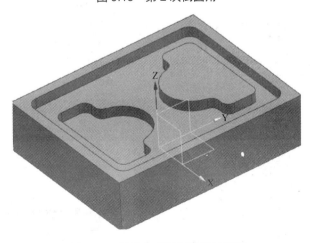

图 9.19　最终完成的三维零件模型

2. 数控编程

步骤 1：加载加工模块。

在被加工零件打开的前提下，选择"开始"→"加工"命令，如图 9.20 所示，弹出"加工环境"对话框，如图 9.21 所示。在该对话框中"要创建的 CAM 设置"下拉列表中选择"mill-planar"选项，单击"确定"按钮，系统进入加工环境。

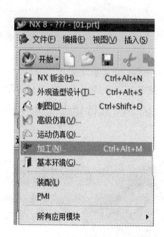

图 9.20　选择"开始"→"加工"命令

图 9.21　"加工环境"对话框

步骤 2：创建几何体。

1）创建机床坐标系。

① 在左侧菜单空白处右击，在弹出的快捷菜单中选择"几何视图"命令，如图 9.22 所示，弹出"Mill Orient"对话框，如图 9.23 所示。

图 9.22　选择"几何视图"命令

图 9.23　"Mill Orient"对话框

②　在该对话框中，单击"CSYS对话框"按钮，弹出"CSYS"对话框，如图9.24所示，单击"操控器"按钮，弹出"点"对话框。在"坐标"中，将"Z"的值设为"50"，如图9.25所示。此时可看到绘图区中的"WCS"的坐标沿Z向移动了50mm，如图9.26所示。然后两次单击"确定"按钮，即可完成机床坐标系的创建。

图9.24　"CSYS"对话框

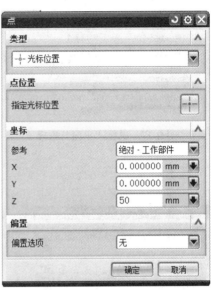

图9.25　将"Z"的值设为50mm

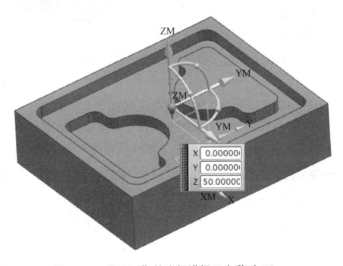

图9.26　"WCS"的坐标进行Z向移动50mm

2）创建安全平面。在机床坐标系创建完成后，自动回到"MCS"对话框。在"MCS"对话框的"安全设置选项"的下拉列表中选择"平面"选项，如图9.27所示。然后单击"平面对话框"按钮，如图9.28所示，弹出"平面"对话框，如图9.29所示。选取工件上表面作为安全平面的参考面，设置偏移距离为"15"，如图9.30所示。然后单击两次"确定"按钮，即可完成安全平面的设置。

图 9.27 选择"平面"选项

图 9.28 "平面对话框"按钮

图 9.29 "平面"对话框

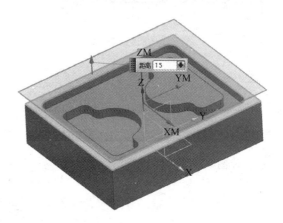

图 9.30 偏移距离为"15"

3）创建工件几何体。

① 在左侧的菜单栏中单击 ⊞ 🔁 MCS_MILL 中的 ⊞ 按钮，便可将 📦 WORKPIECE 项展开，然后双击"WORKPIECE"按钮，弹出"铣削几何体"对话框，如图 9.31 所示。在该对话框中，单击"选择或编辑几何体"按钮🗗，弹出"部件几何体"对话框，如图 9.32 所示。

图 9.31 "铣削几何体"对话框

图 9.32 "部件几何体"对话框

② 单击选取零件后，零件高亮显示，如图 9.33 所示。然后在"铣削几何体"对话框中，单击"选择或编辑毛坯几何体"按钮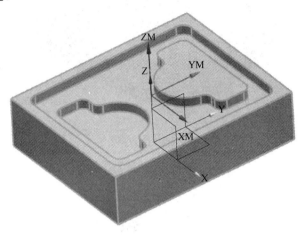，弹出"毛坯几何体"对话框，在"几何体"下拉列表中选择"部件的偏置"选项，偏置数值设为"0.5"，然后单击两次"确定"按钮，便可完成工件几何体的创建。

图 9.33　零件高亮显示

步骤 3：创建刀具。

1）选择"插入"→"刀具"命令，弹出"创建刀具"对话框，在"刀具子类型"区域默认"MILL"按钮为选中状态，并将"名称"设为"D8R1"，如图 9.34 所示。

2）单击"确定"按钮，弹出"铣刀-5 参数"对话框，如图 9.35 所示。同时在绘图区中出现铣刀的预览，如图 9.36 所示。根据加工要求将刀具的直径设定为"8"，其他参数设置默认，如图 9.37 所示。最后单击"确定"按钮，即可完成刀具的设定。

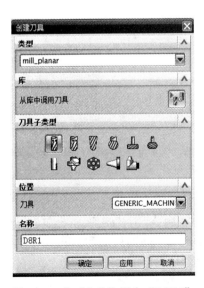

图 9.34　将"名称"设为"D8R1"

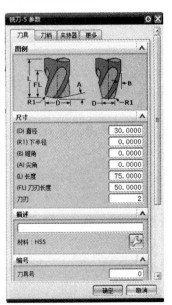

图 9.35　"铣刀-5 参数"对话框

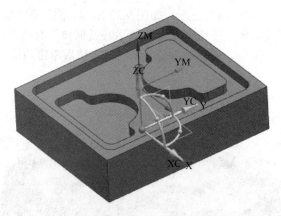

图 9.36　铣刀预览

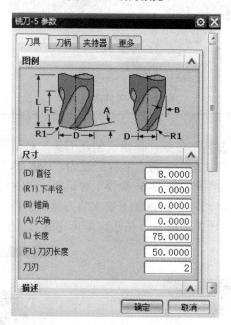

图 9.37　刀具的参数设置

步骤 4：创建工序。

1）选择"插入"→"工序"命令，弹出"创建工序"对话框，在"工序子类型"区域默认"FACE_MILLING_MANUAL"按钮 为选中状态，"位置"区域的各项设置如图 9.38 所示，其他设置默认。

2）单击"确定"按钮，弹出"手工面铣削"对话框，如图 9.39 所示。在"指定切削区域"中单击"选择或编辑切削区域几何体"按钮 ，弹出"切削区域"对话框，如图 9.40 所示。

3）在绘图区的零件中，选择需要切削加工的区域，选中后的切削加工的区域如图 9.41 所示。然后单击两次"确定"按钮，即可完成切削区域几何体的创建。

图 9.38 "创建工序"对话框的各项设置

图 9.39 "手工面铣"对话框

图 9.40 "切削区域"对话框

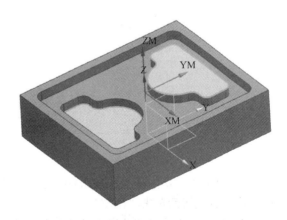

图 9.41 选中后的切削加工区域

4）在"手工面铣削"对话框的"刀轨设置"区域中，在"切削模式"下拉列表中选择"混合"选项，在"步距"下拉列表中选择"刀具平直百分比"选项，并将"平面直径百分比"的值设为"50"，毛坯距离设为"0.5"，其他设置默认，如图 9.42 所示。

图 9.42　刀轨参数设置

5）单击"切削参数"按钮，弹出"切削参数"对话框。切换至"拐角"面板，将"光顺"设置为"所有刀路"，其他选项设置默认，如图 9.43 所示。设置完毕后单击"确定"按钮。

图 9.43　"拐角"面板参数设置

6）单击"非切削移动"按钮，弹出"非切削移动"对话框，各项参数设置如图 9.44所示，设置完毕后单击"确定"按钮。

7）单击"进给率和速度"按钮，弹出"进给率和速度"对话框，勾选"主轴速度"复选框并设为"1500"，将"进给率"区域的"切削"设置为"600"，并单击计算按钮，系统将自动进行计算，计算后各项参数设置如图 9.45 所示，单击"确定"按钮完成设置。

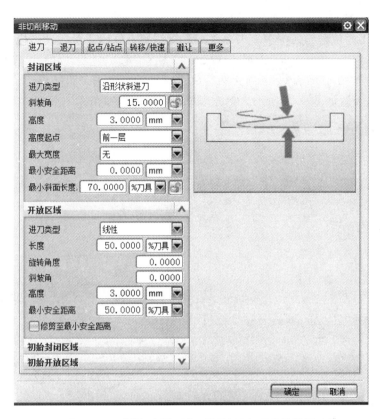

图 9.44　"非切削移动"对话框及各项参数设置

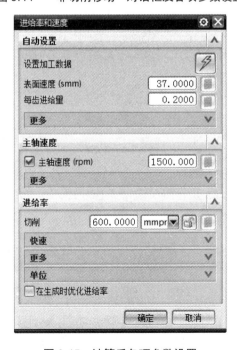

图 9.45　计算后各项参数设置

步骤 5：生成轨迹。

1）在"手工面铣"对话框中单击"生成"按钮，弹出"区域切削模式"对话框，如图 9.46 所示。选中"region_1_level_4"选项后，绘图区有预览显示，如图 9.47 所示。单击按钮右侧的下拉按钮，选择选项。然后单击按钮，弹出"跟随周边 切削参数"对话框，具体的参数设置如图 9.48 所示。完成后单击"确定"按钮返回。

图 9.46　"区域切削模式"对话框

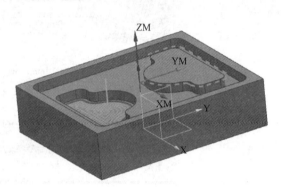

图 9.47　预览显示

图 9.48　"跟随周边 切削参数"对话框及参数设置

2）在"区域切削模式"对话框中，选中"region_2_level_2"选项，如图 9.49 所示。此时，绘图区出现预览显示，如图 9.50 所示。单击按钮右侧的下拉按钮，选择选项。然后单击按钮，弹出"跟随部件 切削参数"对话框，具体的参数设置如图 9.51 所示。这样就完成了"区域切削模式"对话框中的设置，如图 9.52 所示，完成后单击"确定"按钮返回。

图 9.49　选中"region_2_level_2"选项

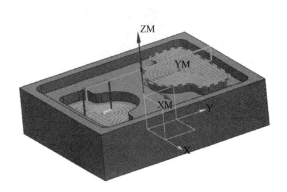

图 9.50　预览显示

图 9.51　"跟随部件 切削参数"对话框
及参数设置

图 9.52　"区域切削模式"对话框设置完成

步骤 6：生成刀路轨迹并确认。

在完成区域切削模式设置后，绘图区中显示出刀路轨迹预览，如图 9.53 所示。单击"确认"按钮，弹出"刀轨可视化"对话框，如图 9.54 所示。切换至"2D 动态"面板，如图 9.55 所示。将"动画速度"设置为"1"，随后单击"播放"按钮，可以进行加工预览播放。随后可在绘图区进行加工预览，如图 9.56 所示。完成预览后单击"确定"按钮，便可得到加工后的模型，如图 9.57 所示。

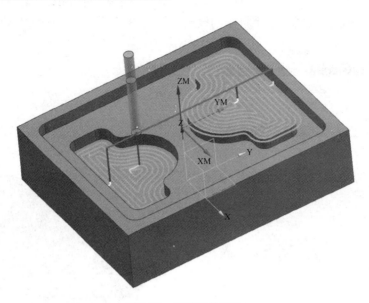

图 9.53　刀路轨迹预览

图 9.54　"刀轨可视化"对话框

图 9.55　"2D 动态"面板

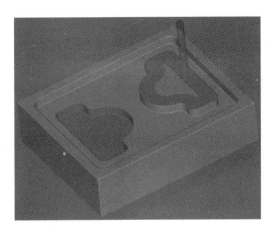

图 9.56　加工预览

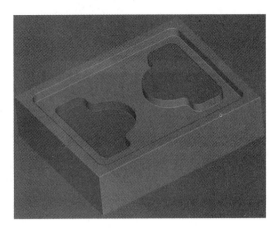

图 9.57　加工后的模型

步骤 7：生成程序。

该步的步骤与项目训练五的"生成程序"的步骤相同，这里省略。

这样整个混合铣削区域加工仿真过程便完成了。

项目训练十　型腔铣削加工

接下来我们来学习型腔铣削加工，型腔铣削加工主要用于粗加工，即需要对工件进行大量毛坯去除材料的加工情况，这种加工方法的适用性很强，可以加工很多形状的工件。型腔铣削加工的三维模型如图 10.1 所示。

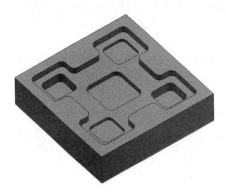

图 10.1　型腔铣削加工的三维模型

1. 零件建模

1）单击"拉伸"按钮 ，在坐标系中选择"X-Y"平面作为绘图基准面，如图 10.2 所示，进入绘图界面。进入后绘制一个边长为 200mm 的正方形，如图 10.3 所示。完成后返回建模界面，输入拉伸高度为 50mm，然后单击"确定"按钮，即可生成长方体，生成的长方体如图 10.4 所示。

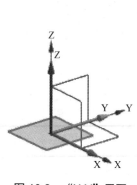

图 10.2　"X-Y"平面

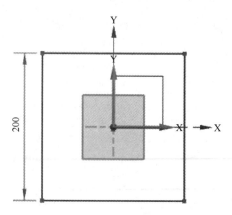

图 10.3　边长为 200 的正方形

2）再次单击"拉伸"按钮，选择如图 10.5 所示的"面 1"作为绘图基准面，进入绘图界面。进入后绘制如图 10.6 所示的二维草绘图形。完成后返回建模界面，输入切削深度为 10mm，如图 10.7 所示，然后单击"确定"按钮，即可完成三维零件的创建，生成的三维零件如图 10.8 所示。

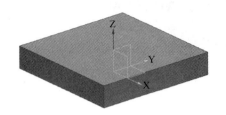

图 10.4　生成的长方体

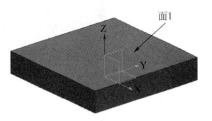

图 10.5　选择"面 1"作为绘图基准面

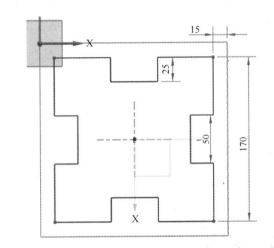

图 10.6　二维草绘图形（1）

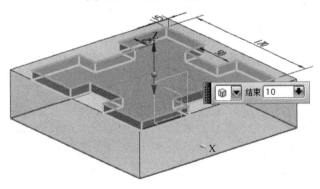

图 10.7　切削深度为 10mm

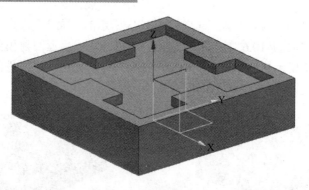

图 10.8　三维零件（1）

3）再次单击"拉伸"按钮 ，选择如图 10.9 所示的加亮面作为绘图基准面，进入绘图界面。进入后绘制如图 10.10 所示的二维草绘图形。完成后返回建模界面，输入切削深度为 15mm，如图 10.11 所示，然后单击"确定"按钮，即可完成三维零件的创建，生成的三维零件如图 10.12 所示。

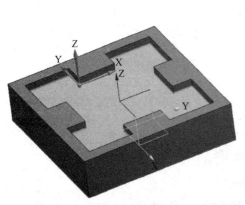

图 10.9　选择加亮面作为绘图基准面

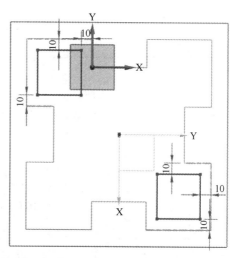

图 10.10　二维草绘图形（2）

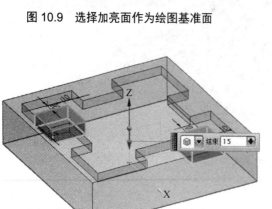

图 10.11　切削深度为 15mm

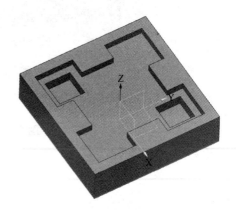

图 10.12　三维零件（2）

4）再次单击"拉伸"按钮 🔲，仍然选取如图 10.9 所示的加亮面作为绘图基准面，进入绘图界面。进入后绘制如图 10.13 所示的二维草绘图形。完成后返回建模界面，输入切削深度为 5mm，如图 10.14 所示，然后单击"确定"按钮，即可完成三维零件的创建，生成的三维零件如图 10.15 所示。

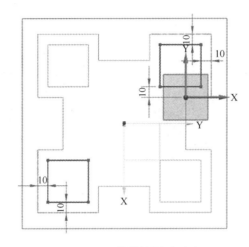

图 10.13　二维草绘图形（3）

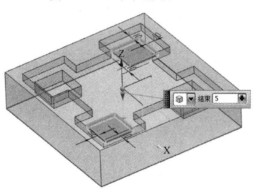

图 10.14　切削深度为 5mm

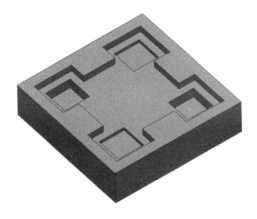

图 10.15　三维零件（3）

5）对模型进行倒圆角细化。

① 单击边倒圆按钮 ，进行第 1 次倒圆角，设置圆角半径为 8mm，第 1 次倒圆角预览如图 10.16 所示。完成后单击"确定"按钮，第 1 次倒圆角如图 10.17 所示。

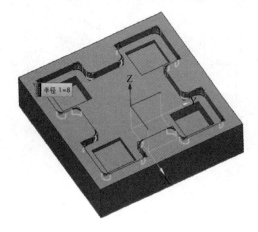

图 10.16　第 1 次倒圆角预览

图 10.17　第 1 次倒圆角

② 第 2 次倒圆角，设置圆角半径为 8mm，第 2 次倒圆角预览如图 10.18 所示。完成后单击"确定"按钮，第 2 次倒圆角如图 10.19 所示。

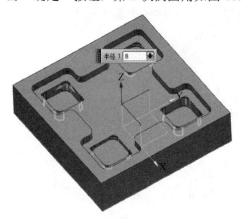

图 10.18　第 2 次倒圆角预览

图 10.19　第 2 次倒圆角

6）再次单击"拉伸"按钮，仍然选取图 10.9 所示的加亮面作为绘图基准面，进入绘图界面。进入后绘制如图 10.20 所示的二维草绘图形。完成后返回建模界面，输入切削深度为 7.5mm，如图 10.21 所示，然后单击"确定"按钮，即可完成三维零件的创建，生成的三维零件如图 10.22 所示。

7）对模型进行倒圆角细化。单击边倒圆按钮，设置圆角半径为 10mm，倒圆角预览如图 10.23 所示。完成后单击"确定"按钮，即可完成最终的三维模型，最终完成的三维模型如图 10.24 所示。

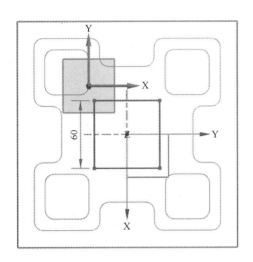

图 10.20　二维草绘图形（4）

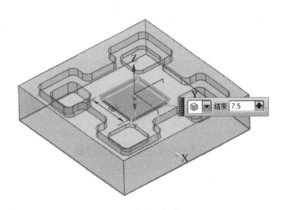

图 10.21　切削深度为 7.5mm

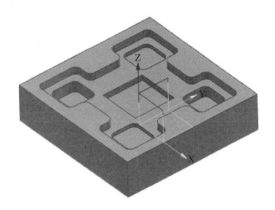

图 10.22　三维零件（4）

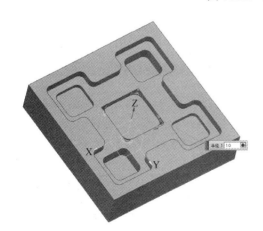

图 10.23　倒圆角预览

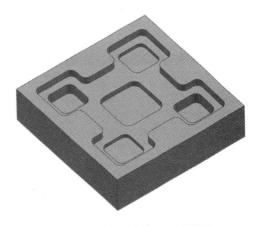

图 10.24　最终完成的三维模型

2. 数控编程

步骤1：加载加工模块。

在被加工零件打开的前提下，选择"开始"→"加工"命令，如图 10.25 所示，弹出"加工环境"对话框，如图 10.26 所示。在该对话框中"要创建的 CAM 设置"栏中选择"mill-contour"选项，单击"确定"按钮，系统进入加工环境。

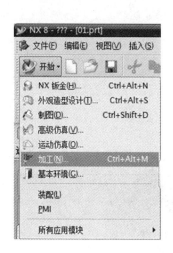

图 10.25　选择"开始"→"加工"命令

图 10.26　"加工环境"对话框

步骤2：创建几何体。

1）创建机床坐标系。

① 选择"插入"→"几何体"命令，弹出"创建几何体"对话框，如图 10.27 所示。将"名称"设为"MCS"，然后单击"确定"按钮，弹出"MCS"对话框，如图 10.28 所示。单击"CSYS 对话框"按钮，弹出"CSYS"对话框，如图 10.29 所示。

图 10.27　"创建几何体"对话框

图 10.28　"MCS"对话框

图 10.29　"CSYS"对话框

② 在"CSYS"对话框中，单击"操控器"按钮⊕，弹出"点"对话框。在"参考"下拉列表中选择"WCS"，在"坐标"区域中，将"XC"的值设为"-100"，将"YC"的值设为"-100"，将"ZC"的值设为"50"，如图 10.30 所示。此时可看到在绘图区中的"WCS"的坐标进行了移动，如图 10.31 所示。然后两次单击"确定"按钮，即可完成机床坐标系的创建。

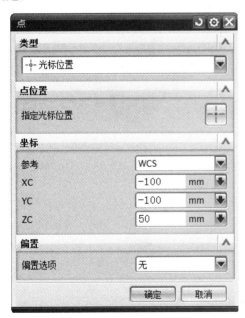

图 10.30　"点"对话框及设置

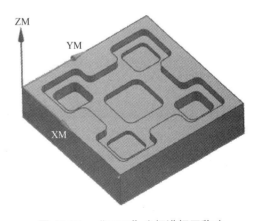

图 10.31　"WCS"坐标进行了移动

2）创建安全平面。

① 在机床坐标系创建完成后，自动回到"MCS"对话框。在"MCS"对话框的"安全设置选项"的下拉列表中选择"平面"选项，如图 10.32 所示。然后单击"平面对话框"按钮⊡，如图 10.33 所示，弹出"平面"对话框，如图 10.34 所示。选取工件上表面作为安全平面的参考面，工件上表面如图 10.35 所示。

图 10.32 选择"平面"选项

图 10.33 "平面对话框"按钮

图 10.34 "平面"对话框

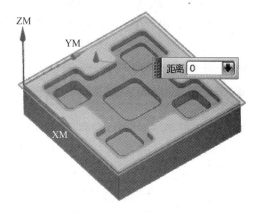

图 10.35 工件上表面

② 在"平面"对话框中，设置距离为 10mm，此时，便会在绘图区出现安全平面预览，如图 10.36 所示。然后单击两次"确定"按钮，即可完成安全平面的设置。

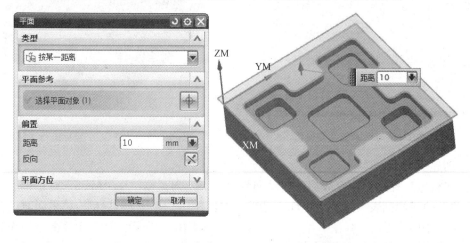

图 10.36 设置距离为 10mm 及安全平面的预览

3）创建工件几何体。

① 选择"插入"→"几何体"命令，弹出"创建几何体"对话框，如图 10.37 所示。在"几何体子类型"区域单击"WORKPIECE"按钮，并将"名称"设为"WORKPIECE_1"，如图 10.38 所示。

图 10.37 "创建几何体"对话框

图 10.38 将"名称"设为"WORKPIECE_1"

② 单击"确定"按钮，弹出"工件"对话框，如图 10.39 所示。单击"选择或编辑几何体"按钮，弹出"部件几何体"对话框，如图 10.40 所示。

图 10.39 "工件"对话框

图 10.40 "部件几何体"对话框

③ 单击选取零件后，零件作高亮显示，如图 10.41 所示。然后在"工件"对话框中，单击"选择或编辑毛坯几何体"按钮，弹出"毛坯几何体"对话框，在"几何体"下拉列表中选择"包容块"选项，如图 10.42 所示，则在绘图区中的零件被选中，包容块的设置如

图 10.43 所示。然后单击两次"确定"按钮，便可完成工件几何体的创建。

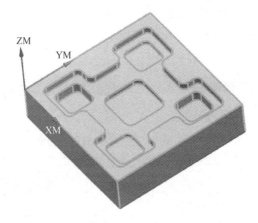

图 10.41　零件高亮显示

图 10.42　选择"包容块"选项

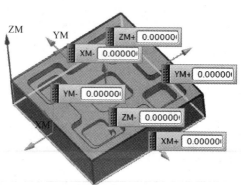

图 10.43　包容块的设置

步骤3：创建刀具。

1）选择"插入"→"刀具"命令，弹出"创建刀具"对话框，如图 10.44 所示。在"刀具子类型"区域默认"MILL"按钮 为选中状态，将"位置"区域中的刀具设为"NONE"，将"名称"设为"D8R1"，如图 10.45 所示。

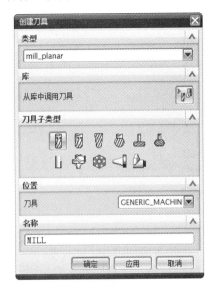

图 10.44　"创建刀具"对话框

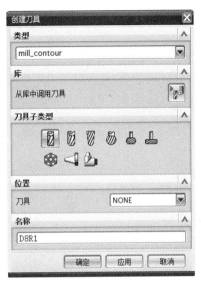

图 10.45　设置"刀具"和"名称"

2）单击"确定"按钮，弹出"铣刀-5 参数"对话框，如图 10.46 所示。同时在绘图区中出现铣刀的预览，如图 10.47 所示。根据加工要求将刀具的直径设定为"8"，其他参数设置默认，如图 10.48 所示。然后单击"确定"按钮，即可完成刀具的设定。

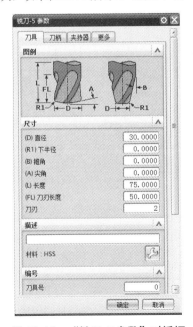

图 10.46　"铣刀-5 参数"对话框

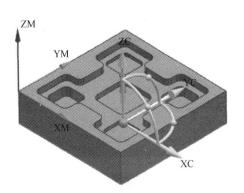

图 10.47　铣刀预览

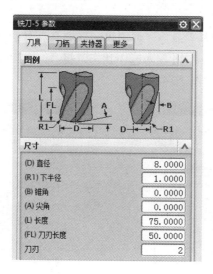

图 10.48 刀具的有关设置

步骤 4：创建工序。

1）创建机床坐标系。选择"插入"→"工序"命令，弹出"创建工序"对话框，在"工序子类型"区域默认"CAVITY_MILL"按钮为选中状态，其他选项设置默认，如图 10.49 所示。

2）单击"确定"按钮，弹出"型腔铣"对话框，如图 10.50 所示。将"刀轨设置"区域中的"最大距离"设定为 3mm，其余参数设置如图 10.51 所示。

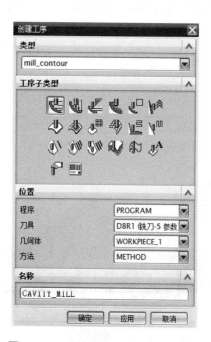

图 10.49 "创建工序"对话框及设置

图 10.50 "型腔铣"对话框

3）单击"切削参数"按钮▣，弹出"切削参数"对话框。在"策略"面板中，其各项参数设置如图10.52所示。设置完毕后单击"确定"按钮。切换至"连接"面板，其各项参数设置如图10.53所示。设置完毕后单击"确定"按钮。

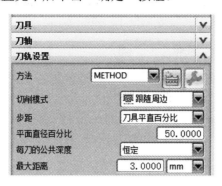

图 10.51　刀轨设置其余参数

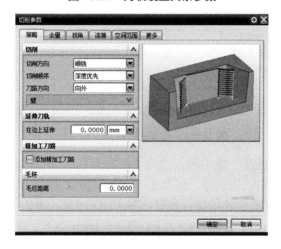

图 10.52　"策略"面板参数设置

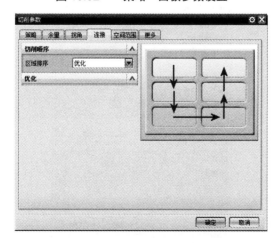

图 10.53　"连接"面板参数设置

4）单击"非切削移动"按钮，弹出"非切削移动"对话框，各项参数设置如图 10.54 所示，设置完毕后单击"确定"按钮。

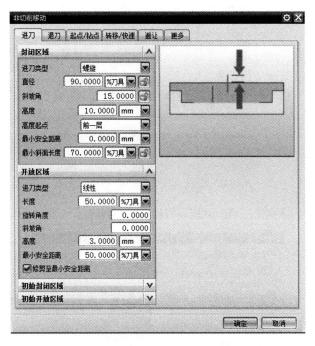

图 10.54　"非切削移动"对话框

5）单击"进给率和速度"按钮，弹出"进给率和速度"对话框，勾选"主轴速度"复选框并设为"1200"，将"进给率"区域的"切削"设置为"250"，并单击计算按钮，系统将自动进行计算，计算后各项参数设置如图 10.55 所示，单击"确定"按钮完成设置。

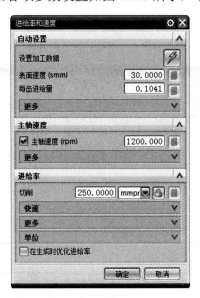

图 10.55　计算后各项参数设置

步骤5：生成刀路轨迹并确认。

1）在完成创建工序后，在"型腔铣"对话框中，单击"生成"按钮![icon]，绘图区中显示出刀路轨迹预览，如图10.56所示。

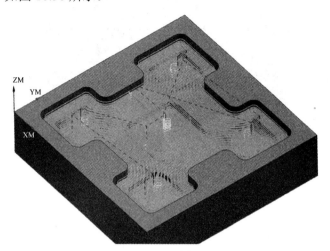

图10.56　刀路轨迹预览

2）单击"确认"按钮![icon]，弹出"刀轨可视化"对话框，如图10.57所示。切换至"2D动态"面板，如图10.58所示。将"动画速度"设置为"1"，随后单击"播放"按钮![icon]，可以进行加工预览播放，随后在绘图区可进行加工预览。单击"确定"按钮，即可。这样型腔铣削加工就完成了，完成加工后型腔铣如图10.59所示。

图10.57　"刀轨可视化"对话框

图10.58　"2D动态"面板

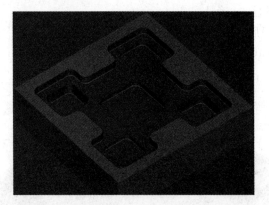

图 10.59　加工完成

参 考 文 献

[1] 展迪优. UG NX8.0 数控编程教程[M]. 北京：机械工业出版社，2012.

[2] 何嘉扬，周文华. UG NX 8.0 数控加工完全学习手册[M]. 北京：电子工业出版社，2012.

[3] 杜军. 数控编程培训教程[M]. 北京：清华大学出版社，2010.

[4] 叶南海. UG 数控编程实例与技巧[M]. 北京：国防工业出版社，2005.

[5] 纪海峰. Pro/ENGINEER 三维造型设计实例精解[M]. 北京：电子工业出版社，2011.

[6] 和庆娣，王军. SolidWorks 2007 案例精解[M]. 北京：中国电力出版社，2008.

[7] 纪海峰，江涛. SolidWorks 2007 应用与实例教程[M]. 北京：中国电力出版社，2008.

[8] 陈国聪. CAD\CAM 应用软件：Pro\ENGINEER 训练教程[M]. 北京：高等教育出版社，2003.